现代建筑总承包施工技术丛书

现代多源有机固废协同处置循环经济产业园总承包施工技术

中建三局第二建设工程有限责任公司　主编

U0202749

中国建筑工业出版社

图书在版编目（CIP）数据

现代多源有机固废协同处置循环经济产业园总承包施工技术 / 中建三局第二建设工程有限责任公司主编. — 北京：中国建筑工业出版社，2023.12
（现代建筑总承包施工技术丛书）
ISBN 978-7-112-29049-9

Ⅰ. ①现⋯ Ⅱ. ①中⋯ Ⅲ. ①有机垃圾-固体废物处理-工业园区-建筑设计 Ⅳ. ①X705②TU276

中国国家版本馆 CIP 数据核字（2023）第 155737 号

本书结合实际工作，总结和归纳了现代多源有机固废协同处置循环经济产业园建设总承包施工技术的内容。全书内容共 10 章，包括：多源固废循环经济产业园分析；多源固废循环经济产业园功能特点和设计特点；现代循环经济产业园总承包管理；常规施工技术；生活垃圾焚烧发电施工技术；建筑垃圾处理厂施工技术；有机垃圾处理站施工技术；污水处理厂施工技术；医疗废弃物处理施工技术；危险废弃物处理施工技术。
本书可供现代多源有机固废协同处置循环经济产业园建设的施工人员和管理人员阅读使用。

策划编辑：沈文帅
责任编辑：张伯熙
责任校对：张　颖

现代建筑总承包施工技术丛书
现代多源有机固废协同处置循环经济产业园总承包施工技术
中建三局第二建设工程有限责任公司　主编

*

中国建筑工业出版社出版、发行（北京海淀三里河路 9 号）
各地新华书店、建筑书店经销
北京科地亚盟排版公司制版
天津画中画印刷有限公司印刷

*

开本：787 毫米×1092 毫米　1/16　印张：11¾　字数：284 千字
2023 年 12 月第一版　　2023 年 12 月第一次印刷
定价：**45.00** 元
ISBN 978-7-112-29049-9
（41783）

《现代多源有机固废协同处置循环经济产业园总承包施工技术》编委会

中建三局第二建设工程有限责任公司简介

中建三局第二建设工程有限责任公司于 1954 年在重庆成立，1973 年移师湖北，现总部位于武汉市，在苏州市设置第二总部，是世界 500 强企业——中国建筑集团有限公司旗下重要骨干成员。

公司注册资本 13.54 亿元，拥有建筑工程和市政公用工程施工总承包两项特级资质；机电工程、电力工程施工总承包一级资质；公路工程、石油化工工程施工总承包二级资质；钢结构工程、地基基础工程、防水防腐保温工程、建筑装修装饰工程、建筑幕墙工程、桥梁工程、隧道工程等 15 项专业承包一级资质；市政行业设计甲级资质、建筑行业（建筑工程、人防工程）专业工程设计甲级资质。

公司下设 13 家二级分支机构，主要布局在长江经济带、京津冀（雄安）、粤港澳大湾区、长三角、成渝双城经济圈等国家战略与经济热点区域。在建总承包项目 300 多个，遍布全国主要一、二线城市及巴基斯坦、越南、阿联酋等 11 个国别组。

公司累计获得 78 项鲁班奖（国优奖），9 项詹天佑奖，21 项中国钢结构金奖，49 项国家级和省部级科学技术奖，创建国家级安全文明工地 45 个，多次获评全国五一劳动奖状、全国文明单位、全国建筑业 AAA 级信用企业、全国建筑业先进企业、全国优秀施工企业等荣誉。

近年来，公司紧跟国家战略导向，始终保持高位发展态势，综合实力位居中建集团号码公司前十，正朝着高质量发展，实现"致力六个更优，着力全面倍增"，跨越"千亿平台"、实现"百年名企"的宏伟愿景坚定迈进。

前　言

随着社会的进步，经济的发展，人民生活水平稳步提高。人们在生产和生活过程中产生大量的固体废物，如生活垃圾、餐厨垃圾、建筑垃圾、医疗垃圾等。以前对各类固体废物采取粗放式处理，简单地焚烧、填埋，对大气及地下水造成严重的污染。

通过推动形成绿色发展方式和生活方式，持续推进固体废物源头减量和资源化利用，最大限度减少填埋量，将固体废物环境影响降至最低的城市发展模式，体现国家对生态环境保护高度重视。大量现代多源固废协同处置循环经济产业园的建设，实现了固废的减量化、资源化、再利用，以尽可能少的资源消耗和尽可能小的环境代价，取得最大的经济产出和最少的废物排放效果。

现代多源固废协同处置循环经济产业园工程体量大、涉及专业多、环保要求高，如何安全、高效，且在合理概算投资内完成工程建设，是各参建方关注的重点。

结合我单位近年多个现代多源固废协同处置循环经济产业园总承包的施工经验，编写本书。全书共 10 章，第 1 章、第 2 章介绍了多源固废协同处置循环经济产业园的发展现状及展望，园区的功能特点和设计特点，第 3 章介绍了多源固废协同处置循环经济产业园建设总承包管理，第 4 章介绍了多源固废循环经济产业园常规施工技术，第 5~10 章总结了园区生活垃圾焚烧发电工程、建筑垃圾处理厂工程、有机垃圾处理站工程、污水处理厂工程、医疗废弃物处理工程、危险废弃物处理工程的施工技术。

由于编者本身知识、经验所限，书中难免出现一些缺陷和不足，敬请各位领导、专家和同仁批评指正，并提供宝贵意见。

目　录

1 多源固废循环经济产业园分析

1.1 多源固废循环经济产业园发展现状

1.1.1 理念及目标

  循环产业园区是指依据循环经济理论而设计，通过模拟自然生态系统"生产者-消费者-分解者"的循环途径改造产业系统，建立产业系统的"生态链"而形成产业共生网络，以实现园区成员之间的副产物和废物的交换，能量和废水的远级利用，基础设施和信息资源、园区管理系统的共享，从而建立园区经济效益和环境方面协调发展的可持续的经济系统。

  固废循环经济产业园是指将城市生活垃圾、餐厨废弃物、建筑垃圾、市政污泥、医疗危险工业废物等各类城市固废物集中，采用焚烧发电、生物处理、卫生填埋等处理技术进行处理处置，并配套建设环卫科技研发推广、环保宣传教育功能的园区式环保综合园区。实现固废的减量化、资源化、再利用，以尽可能少的资源消耗和尽可能小的环境代价，取得最大的经济产出和最少的废物排放。图 1.1-1 为固废协同处置循环经济产业园。

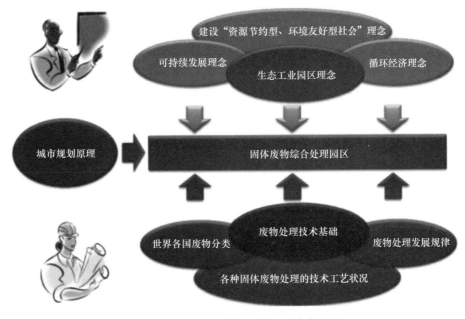

图 1.1-1 固废协同处置循环经济产业园

1.1.2 我国固废处理规模

据统计，目前我国各类固废累计堆存量 600 亿～700 亿 t，年产生量超过 100 亿 t。2022 年我国 244 个大、中城市一般工业固体废物产生量为 192000 万 t，工业危险废物产生量为 2436.7 万 t，医疗废物产生量为 62.2 万 t，生活垃圾产生量为 1.68 亿 t。

未来各地将出现一批以垃圾焚烧为核心的固废环保类循环经济产业园项目，打造静脉产业园区、循环经济产业园区、静脉特色小镇等建设，统筹生活垃圾、建筑垃圾、餐厨垃圾等不同类型垃圾处理，形成一体化项目群。实现循环经济产业园的产业链接循环化、资源利用高效化、污染治理集中化、基础设施绿色化、运行管理规范化的目标。促进企业内部"小循环"、园区（企业间）"中循环"与社会"大循环"的有机衔接，发挥循环经济整体效益。有效克服固废处理循环经济产业园项目建设过程中的"邻避效应"。

1.1.3 合作模式

多源固废循环经济产业园采用的运作模式有：EPC（设计-采购-施工）、BOT（建设-经营-转让）、TOT（移交-经营-移交）、BT（建设-移交）、BOOT（建设-拥有-经营-转让）、PPP（公私合营）、DBO（设计-建设-运营）。

1.1.4 影响因素

目前，全国固废循环经济产业园数量较少，各类固废处置中心相对分散，固废处置循环经济产业园主要分布于一、二线城市，主要受以下几方面影响：

1. 认证及资格严格

在我国，公司必须持有有效的固废经营许可证，方可经营固废处置业务。考虑到有关业务涉及的风险，监管机构将严格挑选具备有关许可证的公司及选择在处置方面拥有经验及具备实力的公司。因此，固废处理行业具有较高的准入门槛。

2. 资本投入大

固废处置设施通常需要大额前期投资及营运资本以支持营运，造成高资本门槛，因为新市场参与者未必有强大的资本实力及融资能力，导致新进入者难以正常运营。

3. 技术门槛高

技术对固废处置极为重要，固废处置程序不符合国家处置标准，则可能产生二次污染物。因此，固废处置需要经多年营运累积的技术行业专门知识，以及严谨的品质控制措施，建立了较高的准入门槛。

4. 邻避效应

居民或当地单位因担心建设项目对身体健康、环境质量和资产价值等带来诸多负面影响，从而激发人们的嫌恶情结，产生"不要建在我家后院"的心理，即采取强烈和坚决的集体反对行为。由于当地群众不甘承受"以我为壑"的污染成本，衍生出对政府引进项目的集体抵制，导致项目落地困难。

1.2 多源固废循环经济产业园发展展望

目前，全球人口增长、城市化进程和生活水平的不断提高都加速了废弃物的产生；与此同时，我们也面临着原材料短缺和能源需求不断增长的问题。这些全球性的环境挑战迫使在能源生产和废弃物处理方面不得不采用新技术，将固废转变成为可靠的再生资源和低碳燃料。同时，相关立法也对资源循环利用、使用碳中和燃料提出了更高的要求，促使社会更加重视固废的处理，杜绝简单填埋，提倡循环经济、变废为宝。

从"双碳"目标的顶层设计，到"十四五"规划的生态文明建设不动摇，再到开展"无废城市"建设等政策推出，支持固废产业发展的国家政策在持续发力，建筑垃圾、厨余垃圾等通过处理可有效降污减排、助力碳中和，具有良好的社会效益和经济效益。固废处理行业发展已整体步入快车道，产业方向与格局日渐明晰。

2020 年全年共计中标固废项目 206 个，建设投资总额超 548 亿元；2021 年，固废招标投标市场共计释放 162 个固废投资运营类项目，新增建设投资总额超 503 亿元。2022 年固废招标投标市场共计释放 137 个固废投资运营类项目，新增建设投资总额超 602 亿元。

2 多源固废循环经济产业园功能特点和设计特点

2.1 多源固废循环经济产业园功能特点

1. 资源共享

土地资源共享、技术资源互补、人力资源共用、经费资源节约。

2. 设施共建

固废循环经济产业园同其他循环经济产业一样，是基础共用设施共建和二次污染物处理设施共建。实现园区成员之间的副产物和废物的交换，能量和废水的远级利用，基础设施和信息资源、园区管理系统的共享。

3. 物能循环

物质、能量循环是园区固废处理资源化利用的一个重要特点，是社会循环经济：资源—产品—废物—资源闭环流动中废物到资源的最后一环。

2.2 多源固废循环经济产业园设计特点

2.2.1 多源有机固废循环经济产业园常规布局

常规的多源有机固废循环经济产业将城市生活垃圾焚烧发电、餐厨垃圾处理、建筑垃圾处理、市政污泥处理、医疗危险工业废物处理和污水集中处理等各类城市固废物集成，形成产业链接循环化、资源利用高效化、污染治理集中化、基础设施绿色化、运行管理规范化的目标。常规固废协同处置循环经济功能区布置图见图 2.2-1。

2.2.2 多源有机固废设计特点

（1）固废处置工艺复杂，技术要求高

固废处置主要是为了实现固废的资源化、减量化、再利用，为了避免二次污染，其处理技术将是系统的、集成的，涉及固废种类的差异性限制，为实现固废资源化的要求，技术要求非常高。

（2）不同固废处理工艺差别较大

固废处置技术主要分为焚烧发电、生物处理、深加工利用等处理技术，固废种类的不同，其处理的技术也不尽相同，所选择的工艺也相差较大。

（3）工艺设备复杂，设备种类多

固废循环处理，需要依托大量设备实现工艺要求，其设备不仅涉及废物物能的转化，同时需实现物能转化时废水、废气、废物的二次处理，因此，固废处理设备具有系统复杂、种类繁杂的特点。

（4）各类固废处理模块既互联互通，又相对独立

固废循环处理，根据固废种类的不同，受工艺不同的限制，各类固废相对独立，又要实现物能的互联互通，实现固废资处理效益的最大化和物能再利用的系统化。

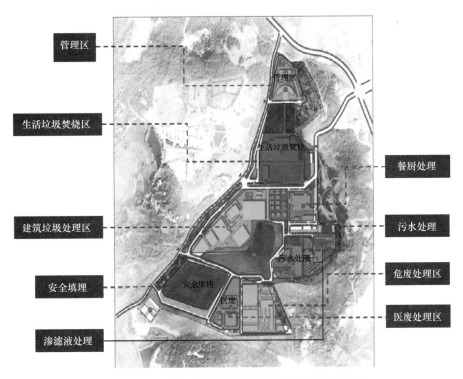

图 2.2-1　常规固废协同处置循环经济功能区布置图

3 现代循环经济产业园总承包管理

3.1 组织管理

现代多源固废协同处置循环经济产业园具有工艺需求差异化明显、工艺设备种类多、土建服务工艺设备施工的特点。总承包管理是一个多维度、多专业、多需求的管理。打造一个机构精简、管理高效、分工合理、权责清晰、高度凝聚的总承包管理团队，是实现总承包管理目标的基础。

循环经济产业园总承包管理架构，应跳出既有总承包管理组织架构和部门设置的惯性思维，充分考虑固废处理经济产业园施工期间对工艺设备安装、设备调试及工艺实现管理的独特需要，打造符合项目特点、满足管理需求的总承包管理组织机构。

3.1.1 总承包管理组织机构

循环经济产业园总承包管理部门按照总承包管理层与施工管理层分离的管理模式要求进行设置。总承包管理组织机构图见图3.1-1。

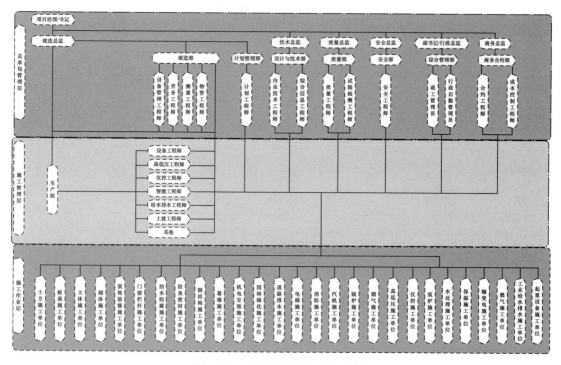

图 3.1-1 总承包管理组织机构图

3.1.2 总承包管理职能部门及管理职责

循环经济产业园总承包管理部门按照总承包管理层与施工管理层分离的两级管理模式，采取因事设岗，一专多能，一岗多责的原则，设置岗位细分的总承包管理部门和集成的管理岗位，实现项目管理过程中权责统分结合、管理目标站位一致、机构高效运转。

总承包管理层部门是项目功能细化的目标集成管理，部门设置根据项目特性、总体目标设置，具有承上启下的枢纽作用。总承包管理层部门及职责见表3.1-1。

总承包管理层部门及职责　　　　　　　　　　　表 3.1-1

序号	部门	管理职责
1	建造部	建造工程师： (1) 负责施工技术管理，参与工程图纸会审、设计交底、施工组织设计、施工策划、施工方案等工作。 (2) 负责施工计划安排实施工作，组织施工班组按计划施工、合理组织人、材、物各项资源。 (3) 负责管辖区域的施工现场安全生产、文明施工、工程质量控制。 (4) 负责施工资料管理，负责班组技术交底、工程质量安全生产交底。 (5) 负责文明施工管理。 物资工程师： (1) 负责协助部门主管开展物资工作。 (2) 负责项目授权内的物资采购。 (3) 负责项目对物资质量、数量进场验收。 (4) 负责项目现场物资使用，且进行监督和整改。 (5) 负责项目管理信息系统、云筑网系统。 (6) 负责材料合同实施和协调。 (7) 负责废旧物资处理和协调。 (8) 负责账务管理和劳务队伍材料领用。 测量工程师： (1) 施工测量仪器管理。 (2) 施工测量放线及分包管理。 (3) 测量方案编制及实施。 (4) 参加项目质量、职业健康安全、环境系列标准及全面质量管理活动。 劳务工程师： (1) 负责分包商进退场管理。 (2) 负责统筹协调开展项目劳务实名制。 (3) 负责落实工人工资代发。 (4) 负责劳动力资源协调。 (5) 负责组织相关部门开展分包考核评级。 (6) 负责分包工人培训教育。 (7) 负责劳务纠纷及突发事件。 设备管理工程师： (1) 负责项目施工机电管理工作。 (2) 配合技术部编制设备、临电、临水等相关策划方案。 (3) 负责项目机电物资设备进场验收，建立项目机械设备、电器电料台账，掌握项目资源及利用情况。 (4) 负责对项目机械设备、临水及电气设施的日常维护管理。 (5) 负责对项目进场机电操作人员培训、教育、安全技术交底管理。 (6) 负责对项目临电、设备、临水等费用测算、统计与控制管理。 (7) 负责项目机电资料体系的建立和完善
2	设计技术部	内业技术工程师： (1) 协助项目技术总监开展各项工作。 (2) 参与编制施工方案（组织设计）。 (3) 编制阶段性工程施工进度计划。 (4) 负责办理工程设计修改和技术变更核定手续。 综合信息工程师： 施工技术、经济资料的收集、归档

序号	部门	管理职责
3	计划部	(1) 负责项目总体进度、年度、月度计划及对应资源编制与管理。 (2) 负责项目各专业系统计划协调与控制。 (3) 负责项目各进度计划实施监控管理。 (4) 负责项目施工工期预警。 (5) 负责项目进度考核。 (6) 负责项目工期索赔管理
4	商务合约部	(1) 严格遵守国家的各项法规和财经纪律，负责贯彻执行总公司、工程局和公司的各项财务管理制度。 (2) 核算工程成本，并建立相应财务台账。 (3) 协助项目商务部完成本期经济活动分析。 (4) 负责协助项目负责人回收工程款。 (5) 负责据实申报资金使用计划和分包工程款的支付。 (6) 负责项目零星报销，以及工资、奖金等的发放。 (7) 负责项目债权及债务管理。 (8) 负责项目税金的计提，协助税务会计完成本期的税金缴纳。 (9) 负责编制会计报表，及其他应报送的财务资料。 (10) 参与并监督项目资产盘点
5	质量部	质量工程师： (1) 负责质量创优管理。 (2) 负责过程质量管理。 (3) 负责质量事故处理。 (4) 负责质量报表与信息管理。 试验检测工程师： (1) 负责原材料、成品、半成品试验检验。 (2) 负责现场试验工作。 (3) 负责制作试验资料、试验管理台账
6	安全部	(1) 负责安全资料整理上报。 (2) 负责宣传、贯彻安全生产相关规定。 (3) 参与安全技术管理。 (4) 参与安全监督检查。 (5) 负责事故与应急管理
7	综合管理部	(1) 起草支部计划、总结、汇报。 (2) 协助书记完成支部目标责任状的各项要求。 (3) 协助书记完成支部党风廉政建设责任状的各项要求。 (4) 负责项目日常新闻宣传工作。 (5) 负责与公司相关部门对接，完成公司相应文件要求。 (6) 负责项目党群迎检工作。 (7) 负责项目会务工作

3.2 计划管理

计划是项目实施的纲领，是围绕施工生产的具体目标而制订的，它是实现施工生产管理目标的重要保证。计划管理就是通过计划的编制、执行、检查、处理来控制企业全部施工生产活动的一项周期性综合管理工作。

进度计划包含施工进度计划、资源计划、接口计划、界面移交计划。

计划管理主要包括计划的编制、审批、实施及检查纠偏、工作面的交接等。

3.2.1 计划管理的原则及分工

1. 计划管理的原则

(1) 以工艺实现为目标的设备安装为主，土建服务设备安装为辅的总进度计划；

(2) 以关键线路、关键部位计划为重点，确保控制性计划不延误。

2. 计划类别及职责分工

项目总体计划类别及职责分工见表3.2-1。

项目总体计划类别及职责分工 表 3.2-1

工程整体计划			职能部门责任分工					
			计划部	建造部	商务合约部	设计技术部	质量部	分包商
进度计划		总进度计划	▲	△		△		△
		年度进度计划	▲	△		△		△
		季度进度计划	▲	△		△		△
		月度进度计划	▲	△		△		△
		前瞻计划	☆	▲				△
		周进度计划	☆	▲				△
资源支撑类计划	技术类	图纸需求计划	☆			▲		
		图纸深化计划	☆			▲		△
		图纸报审计划	☆			▲		△
		方案报审计划				▲		▲
		材料/设备报审计划	☆			▲	△	☆
		……						
	合约采购类	分包商招采计划	△		▲			
		总承包商物资采购计划	△		▲	☆		☆
		分包商物资采购计划			▲	☆		☆
		……						
	工程实体类	施工设备进场计划	△	▲		△		△
		分包商进场计划	▲	△	△			
		管理人员进场计划	△	▲				☆
		劳务人员进场计划	△	▲				☆
		材料设备进场计划	△	▲				☆
		工作面移交计划	△	▲	△	☆		
		……						
	其他	结构验收计划				△	▲	
		系统联动调试计划	△	▲	△		▲	
		竣工验收计划				△	▲	

▲ 主责部门：负责该计划的编制更新发布等工作的部门

△ 参与部门：负责对主责部门提供支撑资料的部门

☆ 配合部门：配合主责部门完成计划的部门

3.2.2 工期计划管理

1. 计划编制

计划包括施工总体进度计划、各项资源保障计划、各专业分包单位计划及月计划、周计划等类型，其中，总进度计划由总包单位组织各分包单位联合编制，主要满足工程合约工期要求，按主体结构、建筑功能、工艺设备安装、水电气接入及互联互通、单系统调试、联合调试、试运行等施工及调试划分任务段分别编制单体工程施工节点总计划。明确各项施工节点及各专业穿插时间。各项资源保障计划由总承包各部门组织相应专业分包根据合约要求、工作接口、总计划安排及现场实际条件进行编制，主要包括招标计划，深化设计计划，劳动力计划、材料设备进场计划，工作面移交计划等。专业分包计划由各专业分包单位自行编制，计划需满足总计划要求。

进度计划编制应符合下列要求：

（1）工程总进度计划的时间周期不大于 56d，年度进度计划的时间周期不大于 28d，各专业主进度计划时间周期不大于 28d，季度/月度进度计划的时间周期不大于 14d/7d，周进度计划的时间周期不大于 3d。

（2）计划编制应充分考虑前期排查时间，预留足够的时间以确定原建筑物状况。

（3）各专业进度计划以工程总计划、现场实际约束条件及接口为依据进行编制，需体现专业关键线路，里程碑节点及关键工作面的移交内容，并应在专业分包进场后 20d 内编制完成。

（4）月/周计划应对比总结上月/周完成情况，明确本月/周施工计划，如有滞后应确定计划赶工措施。

（5）资源支撑计划根据项目主进度计划、现场实际情况以及合约中的相关要求编制。

2. 计划的审核及报批

总进度计划由总承包各职能部门审核，项目经理审批后报送业主方，获批后下发各部门及分包并进行交底。

各专业分包进度计划经内部审核后，由专业分包项目经理签字并报送总承包单位，总承包审核通过后由项目经理审批。获批后下发各部门及分包单位。

月计划/周计划由总承包生产管理部门进行审核并发布。

各项资源保障计划由各相应部门组织审核并发布。

3. 进度计划的实施

进度计划经批准后由总承包各部门及各分包单位共同实施，主要包括：

（1）总承包单位按经批准后的进度计划布置生产任务，对进度偏离进行纠正，协调解决各专业之间的矛盾。

（2）总承包单位负责施工过程中塔式起重机、施工升降机等大型施工机械的调度、协调及总平面安排。

（3）各分包单位应配置足够的资源，严格执行各项施工计划。

（4）总承包单位各部门根据每月计划执行情况，检查落实各自资源保障计划的进程以满足总体计划要求。

4. 进度计划的检查及纠偏

工程实施过程中，应对进度计划的执行情况进行检查及纠偏，主要包括：

（1）各专业分包单位对所承建工程的实际进度及资源供应情况，每周/月进行自查，对比进度计划列明未完成任务，进行原因分析，提出补救措施并形成周/月报上报总承包单位。

（2）总承包单位对专业分包进行现场施工进度检查，对重要节点和关键部位资源投入情况进行全面核查，结合分包周/月报形成整体工程周/月报。

（3）总承包单位每周召开计划协调会，对计划完成情况进行通报，针对延误情况采取应对措施。

（4）对于一般延误（月计划延误3日以下）由计划实施的责任部门采取措施进行处理；较大延误（月计划延误4～6日）由计划实施责任部门组织相关部门及专业分包进行研究，确定纠偏措施进行处理；重大延误（月计划延误7日以上）由总承包单位项目部各部门及分包共同分析研究，确定纠偏措施进行处理。

3.2.3 设备供应计划管理

工艺设备供应计划主要根据其固废处理工艺来制订关键设备供应计划和辅助工艺设备供应计划，主要涉及固废处理系统设备、水汽净化处理系统设备、尾料处理系统、环保监测设备、物料系统设备、集成智能控制设备的供应计划，如焚烧锅炉、发电机及汽轮机、行吊、主变压器、GIS、高低压控制柜、DCS、干式反应塔、冷却壁、出渣机、高温蒸煮锅炉、厌氧罐等关键设备的供应计划。

固废协同处置设备供应涉及系统复杂、设备种类多，设备供应计划为项目总计划的核心，是实现施工计划和投产运营的基础；其供应进度将直接影响工程实体建设进度和建设质量。因此，理顺设备供应计划和项目实体实施之间的相互关系，建立项目设备供应台账，制定详细的供应计划，对项目顺利实施至关重要。

（1）建立供应台账

作为总承包管理单位，项目进场后应根据项目工艺路线，全面梳理项目实施范围内设备供应种类、供应的工程量，特别是关键、特殊部位相关设备供应是否满足项目实体实施的需要，确保设备供应单位一次性到位。同时，建立清晰的设备供应台账，明确部位、系统属性、供应数量、类别等相关信息，并明确相关负责人员。

（2）制定供应计划

设备供应是项目主体实施的前瞻性计划、支撑性计划，设备供应应按照项目总体工期要求前置。设备供应计划编制应根据项目实施主体类别、施工工序、关键线路计划、工艺路线进行制定，确定设备供应计划主线时间轴，理顺供应、主体实施、设备安装相互关系。

（3）确立供应策略

设备供应计划作为一项错综复杂、涉及主体多的支撑计划，受政策、上游生产等因素制约较大，如何确保设备供应计划顺利实施、满足项目工期管理目标，制定合理合法的策略尤为重要。在计划实施过程中，可采取关键设备供应为主，辅助设备为辅，以工艺路线实现为前提的设备供应策略。

3.3 技术管理

多源有机固废协同处置循环经济产业园技术管理与传统的民用建筑、工业建筑、市政工程技术管理的重点和方向具有较大差异，除常规的土建类施工技术管理外，设备安装、工艺路线互联互通、系统调试的技术管理是其关键和核心，且具有专业性、系统复杂、技术要求高、涉专业多的特点。同时，固废协同处置循环经济产业园涉及生活垃圾焚烧处理、医疗废弃物处理、危险废物处理、建筑垃圾处理、有机废弃物处理、城市污水处理六大类别固废处理于一体和每个类别废物处理中又包含若干子系统，各系统根据固废类别的不同，其处理工艺、涉及专业、系统设置差异化较大。对其施工技术管理的重点和要求也不尽一致。

3.3.1 施工部署管理

多源有机固废协同处置循环经济产业园施工具有以大型工艺设备安装为主，以土建类施工为辅的特点。其不同于传统民用建筑、工业建筑、市政工程以土建施工为主的施工部署。

1. 施工顺序

固废协同处置各功能区总体施工顺序图见图 3.3-1。

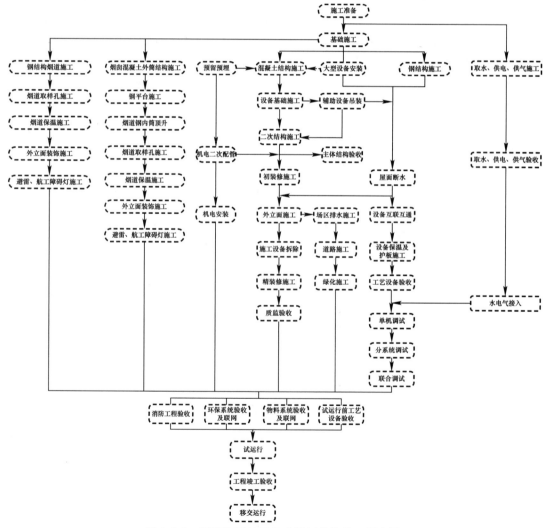

图 3.3-1　固废协同处置各功能区总体施工顺序图

2. 工区及节段划分依据

固废协同处置产业园由于占地面积大，各功能区相对独立、工艺路线差异，各类固废处理分区分段一般按照工艺路线、结构形式进行划分。

（1）项目相关资料：工程可行性研究报告、施工图设计、施工图设计审查意见、地质勘察报告、施工总承包合同及相关协议等。

（2）现场情况：现场踏勘并核查补充施工平面布置图中现状水系、路网、电网、建（构）筑物、树木、绿地、文化遗址、地面附着物、公交车站、社区（企业）出入口、车流及行人、保护性建筑或古树等情况，并在图纸上进行标注。

（3）工艺路线：由于各类固废处理技术的差别，分区分段施工的划分需充分根据工艺路线进行关键线路的识别，确保以关键线路与工艺路线实现设备安装和以建筑工程施工为主，辅助功能区施工为辅的施工区段划分。

（4）施工内容：园区各功能区分布情况及数量；各功能区采取的工艺路线；园区设施共建类别，物能循环方式。

3. 分区及节段划分

固废处理循环经济产业园各类别固废处理系统不仅具有空间布局上相互独立，而且具有资源共享、设施共建、物能循环的特点。科学合理划分工区、施工阶段既要保证各类别固废处理系统的单独运行，又要确保后期正式运营阶段的互联互通，实现循环经济产业园中物能循环、资源共享的要求。

工区、节段划分应在充分研究项目工艺路线、施工内容、有效工期的基础上，本着"工艺实现、管理方便、作业连续、避免交叉"的原则。

（1）生活垃圾焚烧发电类项目一般划分为卸料区、垃圾储存区、汽机区、锅炉区、烟囱、辅助用房、渗滤液处理区、水泵房及冷却塔、室外构筑物等九个施工区段。

（2）危险废物处置类一般划分为办公区、固废储存区、固废固化及物化区、污水处理区、焚烧区五个施工区段。

（3）医疗废物处置类项目一般划分为冷库区、高温蒸煮区、焚烧区、洗消区及辅助用房区五个施工区段。

（4）建筑垃圾处置类项目一般划分为原料车间、预处理车间、再生混凝土区、无机骨料生产区、制品车间、辅助用房六个施工区段。

（5）有机固废处理类项目一般划分为卸料及预处理区、干式厌氧消化处理区、沼渣处理及沼气存贮区、污水处理区四个施工区段。

（6）污泥污水处理类项目一般划分为污泥干燥区、焚烧区、烟气区、污水处理区等四个施工区段。

4. 界面划分选择

对于工区的划分是在熟悉工艺路线的基础上，按照整体工程量对等，施工内容多少、工艺复杂程度相当，工程结构类型统一，临时设施布置及施工道路均衡等原则，将整条线路进行切割划分。一般界面分割点有以下几种：

（1）设施共建为分界点：如场内道路、给水排水等共建设施与各功能独立系统为工区的分界点。

（2）物能循环为分界点：以场内各系统物能循环起止点为工程分界点。

（3）功能区独立运行为分界点：以功能区独立运行，不受其他功能区影响为工程分界点，如将生活垃圾焚烧处理、医疗废弃物处理、危险废物处理、建筑垃圾处理、有机废弃物处理、城市污水/污泥处理进行单独划分。

（4）资源平衡：以工区内部土石方调配平衡为原则确定工区界面，避免工区间（分包间）土方调配协调配合不统一而影响项目整体进度与成本。

（5）临时设施合理：考虑材料堆场及临时材料加工场的布置。

3.3.2 深化设计管理

深化设计是提升工程实体精细管理、优化施工组织、减少施工干扰的重要举措。深化设计工作在管线布置错综复杂、结构类型多、工艺施工设计深度不够、预留预埋件多、设备基础复杂的固废处理厂房，高质量深化设计工作有助于提高项目履约能力，确保项目质量、进度、成本控制、创效等目标的顺利实现。

1. 深化设计目的及意义

（1）结合设计图纸和现场实施条件、产品/设备的选用，对结构进行合理节段的划分，在满足设计结构受力合理及相关施工验收规范的基础上，便于工厂制作、装车运输、现场吊装和施工。

（2）根据项目设计图纸设计，结合已批准使用的工艺设备、材料、管线种类规格，进行合理或优化排版布局、精确定位，使工程满足使用功能和美观要求。

（3）补充、完善原设计图纸不足或甩项，满足项目顺利履约要求。

（4）通过详细计算和复核，对原设计图纸进行优化，降低建造成本，为业主节约投资和创造效益服务。

（5）对设计图纸构配件按照设计和验收规范要求进行合理分段加工和制作，使之满足施工工序和施工总进度计划要求。

（6）对设计图纸中未完善的节点或接头进行进一步细化和补充，以达到直接施工深度要求，为确保现场施工质量、进度提供保障。

（7）对设计图纸中的关键部位进行细化和补充，提高施工功效和精细化管理的需求。

2. 深化设计分类及责任主体

（1）深化设计分类

深化设计分为总承包单位自行施工和专业分包单位施工两类。

（2）深化设计责任主体

由总承包单位自行施工的内容，由总承包单位负责深化设计；由专业分包单位施工的内容由专业分包单位负责深化设计；总承包单位负责各专业之间的协调、配合。

3. 深化设计依据

（1）招标投标文件、答疑文件及施工合同。

（2）施工图纸；地质勘察文件。

（3）产品/设备技术规格书、技术文件资料。

（4）国家、行业及地方相关的标准、法规、规范、规定、条例等。

4. 深化设计内容

固废协同处理园区深化设计内容见表3.3-1。

序号	类别	深化设计内容
1	综合管线	总平面管线：工业供水、生活自来水、消防给水、市政雨污水、工业废水、工业杂水、天然气管道、场区高低压、沼气管线； 厂房管线：工业供水、生活自来水、消防、市政雨污水、工业废水、工业杂水、天然气管道、高低压、智能监控、智能控制、蒸汽管道、尾气管道、臭气管道、抽排风风管、空调管线、照明管线、通信网络
2	场内道路	土道路竖曲线、横断面、排水沟优化；水泥混凝土路面分仓；人行步道砖排版；路缘石深化设计；站卧石深化设计；停车位深化设计；隐形井盖深化设计
3	主体结构	钢筋接头、马镫、模板及支架、钢结构、设备基础及预埋件、预留洞口、施工节段、施工缝止水钢板、二次结构、屋面檩条及预制板
4	预留预埋	预埋套管、预埋钢板、预埋轨道、预埋地脚螺栓
5	设备基础	设备基础布置、设备基础与建筑装饰、设备基础预留孔洞、一次混凝土与二次灌浆
6	建筑装饰	门窗、栏杆、顶棚、瓷砖排版、混凝土地坪分仓、幕墙、涂料外墙分缝
7	设备安装	设备安装顺序、设备吊装、设备节段、设备定位、设备预留管线及洞口、设备工艺管线
8	基坑开挖	基坑支护、土方开挖、基坑排水、沟槽开挖
9	照明工程	灯柱、灯具安装
10	绿化工程	苗木种植深化设计

5. 深化设计审批

（1）由项目部自行编制的深化设计图纸，经项目部审核后按照工程合同约定的程序呈报相关方（监理、设计院、业主单位）审核和批准。

（2）专业分包单位的深化设计图纸，经过项目部审核后，由项目部按照工程合同约定的程序呈报相关方（监理、设计院、业主单位）审核和批准。

（3）深化设计图纸批准后，由深化设计图纸设计责任方出图并组织交底，项目设计技术部负责深化设计图纸的登记和发放。

6. 深化设计管理

（1）总承包单位负责与业主及原设计方协调。与业主、设计方沟通，了解设计意图、功能要求及设计标准，获取项目图纸供应计划并掌握供图动态。

（2）总承包单位负责协调各专业分包单位的深化设计工作，确保各专业分包单位的深化设计进度、接口协调一致。

（3）总承包单位负责向业主、监理和原设计单位提出设计方面的合理化建议（洽商）。

（4）深化设计出图计划应满足工程总进度计划的实施需求，原则上深化设计图纸应在对应部位施工前 60~90d 完成。

（5）各专业分包单位必须严格按照计划出图，并提交进度报告，便于总承包单位协调、控制深化设计进度。

7. 设计变更管理

对于固废处理厂房而言，变更主要基于施工过程发现的与设备提质图，按图施工设备无法安装或工艺路线无法实现时，由设计单位主动发起的主动变更或总承包单位发起的被动变更。

8. 设计变更种类

（1）设计变更：设计变更包括设计变更通知书、设计变更图纸，一般由设计院出具，建设单位、施工单位审核后实施。

（2）技术洽商：当过程中存在图纸矛盾、勘察资料与现场实情不符、不能（便）施工、按图施工质量安全风险大、有合理的技术优化措施等情况时，项目部技术总监负责提出技术洽商，经监理单位、设计单位、建设单位审核批准后实施。总承包项目技术设计部负责组织协调分包单位的变更洽商，避免专业间的变更洽商不协调影响总体施工。

9. 设计变更发起流程

（1）设计单位主动发起的设计变更，由设计单位出具变更图纸，下发至各参建单位。总承包单位负责下发至分包单位及总承包单位各部门。

（2）总承包单位被动发起的设计变更分为两种，第一种为设计图纸的勘误，主要由总承包单位技术部门以工程技术洽商单的形式提出，报送监理、设计、审计、业主等各参建单位审批，签字过程中由设计单位签批主要更正意见，其他各单位签批同意；第二种为设计图纸与施工现场不符的变更，一般流程由总承包单位技术部门组织监理、设计、审计、业主等各参建单位进行技术论证，根据工艺要求研究处理方案。技术洽商单所形成的变更内容，其具体内容根据变更内容由设计单位出图或签批具体意见，并形成工程签证报各单位审批同意。

（3）对于专业分包单位的技术洽商，应由专业分包单位以函件形式上报总承包单位，总承包单位按照技术洽商的要求配合发起和组织相关技术变更手续的办理。

10. 技术变更的交底及发放

（1）设计变更交底：工程洽商记录、设计变更通知书或设计变更图纸应由项目设计技术部统一签收认可，及时分发相应专业单位；项目技术总监对建造部、商务部等相关部门和专业队伍进行设计变更、洽商记录交底，重点明确可能产生的影响，专业之间的衔接、配合等，形成文字记录；图纸持有人对变更洽商部位进行标注，明确日期、编号、主要内容等。

（2）专业分包的各项技术核定、变更和索赔必须由项目技术总监管理和审核，办理完相关的手续后由项目综合信息工程师归档保管。

（3）图纸、图纸会审、设计变更、技术洽商发放：图纸、图纸会审、设计变更、技术洽商等技术文件须经项目技术总监根据内容识别发放范围，批准后，向分包单位、供方单位以及技术、建造、质量、安全、商务等相关人员有效发放，做好收发文登记，填写技术文件收文处理单。

3.3.3 技术方案管理

技术方案是项目实施过程中的技术性指导文件，是项目建设质量和安全的保障，是项目顺利履约的支撑，是项目创造效益的重要手段。因此，总承包单位方案管理应是贯穿项目实施全过程的管理和支撑。

1. 技术方案的种类及级别

工程技术方案具有种类多、方案灵活的特点。因此，工程的技术方案应根据项目特点、施工内容、施工环境进行分门别类的管理。

技术方案大致分为 A、B、C 三类方案；其中：A 类为须专家论证超过一定规模的危险性较大的分部分项工程专项方案；B 类为危险性较大的分部分项工程专项施工方案及关键或须确认的施工过程施工方案及措施方案；C 类为一般分项工程施工方案或作业指导书。各类技术方案见表 3.3-2～表 3.3-4。

通用型 A 类技术方案 表 3.3-2

序号	类别	部位	具体内容
1	A 类	深基坑工程	开挖深度超过 5m（含 5m）的基坑（槽）的土方开挖、支护、降水工程
2	A 类	模板工程及支撑体系	各类工具式模板工程：包括滑模、爬模、飞模、隧道模等工程
			混凝土模板支撑工程：搭设高度 8m 及以上，或搭设跨度 18m 及以上，或施工总荷载（设计值）15kN/m² 及以上，或集中线荷载（设计值）20kN/m 及以上
			承重支撑体系：用于钢结构安装等满堂支撑体系，承受单点集中荷载 7kN 及以上
3	A 类	起重吊装及起重机械安装拆卸工程	采用非常规起重设备、方法，且单件起吊重量在 100kN 及以上的起重吊装工程
			起重量 300kN 及以上，或搭设总高度 200m 及以上，或搭设基础标高在 200m 及以上的起重机械安装和拆卸工程
4	A 类	脚手架工程	搭设高度 50m 及以上的落地式钢管脚手架工程
			提升高度在 150m 及以上的附着式升降脚手架工程或附着式升降操作平台工程
			分段架体搭设高度 20m 及以上的悬挑式脚手架工程
5	A 类	其他	施工高度 50m 及以上的建筑幕墙安装工程
			跨度 36m 及以上的钢结构安装工程，或跨度 60m 及以上的网架和索膜结构安装工程
			开挖深度 16m 及以上的人工挖孔桩工程
			水下作业工程
			重量 1000kN 及以上的大型结构整体顶升、平移、转体等施工工艺
			采用新技术、新工艺、新材料、新设备可能影响工程施工安全，尚无国家、行业及地方技术标准的分部分项工程
			工程所在地建管部门规定须专家论证的分部分项工程

通用型 B 类技术方案 表 3.3-3

序号	类别	部位	具体内容
1	B 类	基坑工程	开挖深度超过 3m（含 3m）的基坑（槽）的土方开挖、支护、降水工程
			开挖深度虽未超过 3m，但地质条件、周围环境和地下管线复杂，或影响毗邻建（构）筑物安全的基坑（槽）的土方开挖、支护、降水工程
2	B 类	模板工程及支撑体系	各类工具式模板工程：包括滑模、爬模、飞模、隧道模等工程
			混凝土模板支撑工程：搭设高度 5m 及以上，或搭设跨度 10m 及以上，或施工总荷载（荷载效应基本组合的设计值，以下简称设计值）10kN/m² 及以上，或集中线荷载（设计值）15kN/m 及以上，或高度大于支撑水平投影宽度且相对独立无联系构件的混凝土模板支撑工程
			承重支撑体系：用于钢结构安装等满堂支撑体系
3	B 类	起重吊装及起重机械安装拆卸工程	用非常规起重设备、方法，且单件起吊重量在 10kN 及以上的起重吊装工程
			采用起重机械进行安装的工程
			起重机械安装和拆卸工程
4	B 类	脚手架工程	搭设高度 24m 及以上的落地式钢管脚手架工程（包括采光井、电梯井脚手架）
			附着式升降脚手架工程
			悬挑式脚手架工程
			高处作业吊篮、挂篮
			卸料平台、操作平台工程
			异形脚手架工程

序号	类别	部位	具体内容
5	B类	其他	建筑幕墙安装工程
			钢结构、网架和索膜结构安装工程
			人工挖扩孔桩工程
			水下作业工程
			装配式建筑混凝土预制构件安装工程
			采用新技术、新工艺、新材料、新设备可能影响工程施工安全，尚无国家、行业及地方技术标准的分部分项工程
6	B类	关键或须确认的施工过程	大型或重要的设备基础及塔式起重机、施工升降机基础
			大体积混凝土
			防水防腐工程
			压力容器或管道焊接
			临水、临电、临建（附预算）等

固废处理关键技术类技术方案 表 3.3-4

序号	类别	部位	具体内容
1	B类	锅炉	锅炉安装
			锅炉炉膛无机料筑炉
			锅炉高低温烘炉
			锅炉水压施工
2	B类	汽机	汽机安装
			汽机冲转施工
3	B类	高低压	发电厂倒送电方案
4	B类	汽机、锅炉	管道高压蒸汽冲洗
5	B类	全厂	保温施工
6	B类	全厂	压力容器或管道焊接
7	B类	全厂	单机调试、联合调试

C类为一般分项工程施工方案或作业指导书，与常规工程施工类似。

2. 方案编制

施工方案编制内容及要求除注重设备安装中需注意的行业相关设备技术标准的要求外，其他内容与一般工程类似。一般进行定性分析：技术上的可行性；安全上的可靠性；经济上的合理性；资源上的满足性；其他方面，如施工操作难易程度、季期施工适应性等。定量分析：工期指标（当工期主导时，方法的选择应以缩短工期为优先）；机械化程度指标；主要材料消耗指标；降低成本指标。

（1）编制要求：结合实际情况，发挥 BIM 技术作用，加强四新技术的推广应用，推行绿色施工，降低资源消耗，提升施工方案优化能力。

（2）编制内容：工程施工时，项目应深化施工组织设计，根据工程的具体情况编制专项施工方案（作业指导书），对工艺要求比较复杂或施工难度较大的分部或分项工程及易出现质量通病的部位，必须编制作业指导书。

（3）方案内容：编制依据、施工范围、施工条件、施工组织、施工工艺、计划安排、特殊技术要求、技术措施、资源投入、质量及安全要求等。

（4）编制时间：施工方案在分项工程施工前 30d 内（特殊方案 60d）编制完成，方案编制责任分解见表 3.3-5。

方案编制责任分解　　　　　　　　　　　　　　　表 3.3-5

序号	方案类别	主编部门或人员	配合部门或人员
1	超过一定规模的危险性较大的分部分项工程施工方案	技术总监	技术、安全、质量工程师
2	分项工程施工方案	内业技术工程师	质量工程师
3	测量方案	测量工程师	内业技术工程师
4	检测试验方案	试验工程师	质量工程师
5	临时水电	设备管理工程师	内业技术工程师
6	消防方案	设备管理工程师	内业技术工程师
7	专业工程	分包单位	总承包各部门
8	大型机械设备安拆方案	分包单位	设备管理工程师
9	安保计划、应急预案、防汛防台风专项方案	安全工程师	内业技术工程师
10	调试方案	分包单位	总承包各部门

3. 方案的审批流程

方案审批流程见表 3.3-6。

方案审批流程　　　　　　　　　　　　　　　表 3.3-6

序号	方案类别		审批流程
1	A 类方案	内部	（专业分包单位）→项目部各部门审核→分支机构各部门审核→独立法人机构审批
		外部	监理单位审核→建设单位审批→专家论证→二次报审
2	B 类方案	内部	（专业分包单位）→项目部各部门审核→分支机构各部门审批
		外部	监理单位审核→建设单位审批
3	C 类方案	内部	（专业分包单位）→项目部各部门审核→项目审批
		外部	监理单位→建设单位
4	调试类方案	外部	调试单位→总承包单位审核→监理单位→设计单位→建设单位审批
5	关键措施类方案	外部	（专业分包单位）→项目部各部门审核→监理单位→建设单位审批

4. 方案实施的监督与管理

为避免发生工作差错而造成重大损失或对后续工序质量造成重大影响，在工程开工前，项目技术总监应根据工程特点组织项目部相关人员编制项目技术复核计划，明确复核内容以及责任人。

（1）技术复核流程：经技术复核确认无误后方可转入下道工序施工，每项技术复核必须填写技术复核记录。在技术复核发现不符合项，应由建造工程师纠正后，重新进行技术复核。

（2）技术复核职责分配：项目技术总监对施工组织设计、危险性较大的分部分项工程及超过一定规模的危险性较大的分部分项工程施工方案复核；项目内业技术工程师对施工方案及方案交底、图纸会审、设计变更、技术洽商复核；现场各专业建造工程师对分项工程施工图纸、施工技术交底复核。

（3）技术复核内容：施工组织设计复核内容主要为施工部署及施工方法；施工方案复核内容主要为涉及安全的主控项目。

3.3.4 工程资料管理

固废处理工程资料管理中除生活垃圾焚烧电厂类按照电力行业标准及表格进行编制外，其他固废类一般按照市政工程资料编制。按照城建档案馆对于工程资料交档要求，除地方特殊要求外，工艺设备类施工资料一般不进行城建档案馆交档，仅对业主进行交档。档案馆一般仅要求按照建筑安装工程目录进行档案归档。

1. 资料分类

工程建设全过程中形成并收集汇编的文件或资料统称为工程资料，包括工程准备阶段文件（A类）、监理文件（B类）、施工资料（C类）和竣工图（D类）、工程竣工验收资料（E类）五类常规工程资料。同时该类项目包含的工艺设备安装及调试资料，需另行归档。

2. 过程管理

项目设专职的资料员，对所有收集到项目的文档资料进行归纳管理。项目文档管理以确保项目文档的完整性和规范性为总目标。通过明确项目文档编码规则，对文档处理、控制、保管和存档进行有效管理，确保项目文档管理目标的实现。文档管理流程图见图 3.3-2。

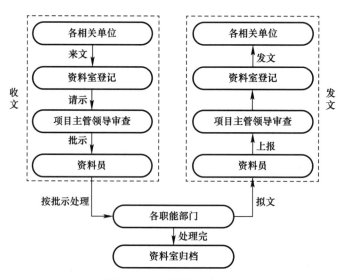

图 3.3-2 文档管理流程图

（1）往来函件

1）往来函件处理流程图见图 3.3-3。

2）分包方发文流程图见图 3.3-4、分包方来文管理流程图见图 3.3-5。

（2）竣工档案管理

项目竣工后竣工资料由总承包单位统一管理并报送，竣工档案管理流程图见图 3.3-6。

3. 归档资料管理

（1）归档资料范围：记载工程建设主要过程和现状、具有保存价值的各载体的文件，均应收集齐全、整理立卷后归档。

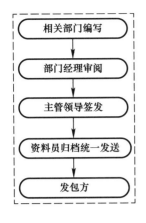 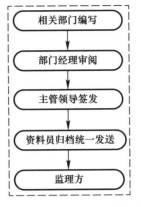 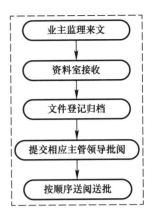

图 3.3-3　往来函件处理流程图

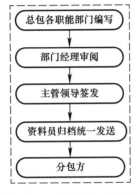 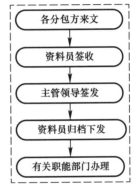

图 3.3-4　分包方发文流程图　　图 3.3-5　分包方来文管理流程图

（2）归档资料要求：归档的纸质工程文件应为原件；内容必须真实、准确，应与工程实际相符合；字迹清楚，图样清晰，图表整洁，签字盖章手续完备。

（3）电子文件归档分类：电子文件归档应包括在线式归档和离线式归档两种方式，可根据实际情况选择其中一种或者两种方式归档。

图 3.3-6　竣工档案管理流程图

（4）归档时间：根据建设程序和工程特点，归档可分阶段分期进行，也可在单位或分部工程通过竣工验收后进行。

4. 工程资料验收与移交

列入城建档案管理机构档案接收范围的工程，竣工验收前，城建档案管理机构应对工程档案进行预验收。在工程竣工验收后 3 个月内向城建档案管理机构移交。

固废处理类项目涉及大量工艺设备安装，因此，对工艺设备安装的资料仅仅对业主移交，除特殊要求外，无需移交城建档案馆。

3.3.5　工程测量管理

1. 测量管理

工程项目开工前，项目技术总监会同测量工程师根据工程实际编制测量方案，方案应包括该工程测量工作任务、主要工作内容、测量方法、测量精度保证措施等，并应明确施测任务应达到的精度标准，根据精度标准应配置的设备。项目经理审核后报监理单位审批，质量工程师对方案实施进行监督。

固废处理涉及大量设备安装，且安装精度要求高，如：汽机预埋预留定位、汽机设备定位、行吊预埋及轨道定位、设备基础预埋预留、设备基础定位等部位施工需重点控制。

2. 分包测量管理

项目部测量对接分包测量，负责工程的整体测量工作和实施管理，指导、督促分包队伍建立专业工程的指导体系，与分包队伍做好平面控制点和高程控制点的移交工作，并做好控制点的复测和保护工作，负责做好控制测量，开展各阶段测量工作，做好现场测量数据和记录以及测量资料的编写和整理。施工总承包测量队负责对各专业工程的测量进行协调。专业分包工程开工前，移交测量基准点给分包施工队，由移交双方进行相互交接检查，无误后形成交接资料，在分包工程施工过程中，将对分包工程重点部位的施工测量进行跟踪复核监控，各分包进场后必须培训足够数量的专职或兼职测量人员，测量人员必须持证上岗，总承包项目部测量组将统一对各专业分包测量人员进行协调管理，技术对接与交流，及时协调解决施工过程中出现的问题。各分包单位按工程需要配备相应的测量仪器，所有进入现场的仪器必须检验合格，并将所有仪器的检测报告原件交总承包测量组查验，留复印件存档，各专业分包的主要测量过程和记录需要定期向总承包报告，专业分包单位根据施工计划列出测量计划，以便总承包进行目标管理，现场控制，对出现的问题给予指导和完善。

3. 设计交桩

工程前期控制点移交及控制网复核由项目技术总监和测量工程师负责，并完成计算复核和现场测量放样，形成书面交接记录及控制网复测报告。测量工程师对设计交接的导线点进行复测，过程中发现有松动、丢失时及时补埋、复测，复测结果报设计、监理单位审批。

4. 原地面复测

原地面测量对于一个工程的整体性质来说是很重要的，原地面测量主要就是为工程后期方量的计量与结算以及路基土石方计算奠定基础，可以通过原地面与施工面之间的关系绘制出方格网。与设计土石方量相比，对两者测量差值较大的段落进一步复查。

5. 常规的测量方法和要求

施工测量是以地面上的施工控制点为基础，根据图纸上的建（构）筑物的设计尺寸，计算出各部分的特征点与控制点之间的距离、角度、高差等数据，将建（构）筑物的特征点在实地标定出来，以便施工，这项工作称作"放样"。施工测量所采用的方法基本上与测图所用的方法一致，所用仪器基本相同。

控制网测量应包括平面控制网的测量和高程控制网的测量，常规的平面控制网测量方法有三角测量法、三边测量法、导线测量法；高程测量的方法有水准测量、电磁波测距、三角高程测量。常规为水准测量法。

施工过程控制测量的基本要求如下：

（1）施工过程控制网的定位，可以利用原区域已建立的平面和高程控制网。

（2）当地势平坦，建（构）筑物布置整齐，应尽量布设建筑方格网作为厂区平面控制网，以便施工工作容易进行。

（3）建筑场地大于 1000m² 或重要工业厂区，宜建立相当于一级导线精度的平面控制网；小于 1000m² 或一般性建筑区，建立二、三级控制网。

（4）建筑物的控制测量，应按设计要求布设，点位应选在通视良好、利于长期保存的地方。

（5）建筑物高程控制的水准点，可单独埋设在建筑物的平面控制网的标桩上，也可利用场地附近的水准点，其间距宜在 200mm 左右。

影响工程测量精度的因素有：测角投点判断精度；前视点、后视点设备投点精度；100m 视线长测量角精度；测站和后视两点精度；尺的比尺精度；用鉴定钢尺到现场量尺精度；电脑型测量仪器的软件、硬件及处理器设置的档次等。

水准测量法的主要技术要求：

（1）各等级的水准点，应埋设水准路缘石。一个测区及其周围至少应有 3 个水准点。水准点之间的距离，一般地区应为 1～3km，工厂区宜小于 1km。

（2）水准观测应在路缘石埋设稳定后进行。

（3）两次观测高差较差超限时应重测。二等水准应选取两次异向合格的结果。当重测结果与原测结果分别比较，其较差均不超过限值时，应取三次结果的平均数。

3.4 质量与检测试验管理

3.4.1 施工质量管理

3.4.1.1 单位工程与分部分项工程划分

1. 单位工程划分

建设单位招标文件确定的每一个独立合同应为一个单位工程，当合同文件包含的工程内涵较多或工程规模较大或由若干独立设计组成时，宜按工程部位或工程量、每一独立设计将单位工程分成若干子单位工程。一般按照一个单体或一个功能区划分一个单位工程。

2. 分部分项工程划分

固废处理类项目一般按照《建筑工程施工质量验收统一标准》GB 50300—2013 进行分部分项工程划分，电厂类项目按照相应规程要求进行分部分项工程划分。

3.4.1.2 特殊过程及关键工序质量管控

常见的特殊过程及关键工序有混凝土施工、防水施工、防腐施工、钢结构施工、锅炉安装、汽机安装、保温工程、筑炉工程、水压试验、吹管施工、高温高压管道施工、主变安装、GIS 安装、外网系统等。特殊过程及关键工序见表 3.4-1。

特殊过程及关键工序 表 3.4-1

序号	工序名称	关键/特殊工序界定
1	测量定位	关键工序
2	基础防水、防渗施工	关键工序

序号	工序名称	关键/特殊工序界定
3	模板工程	关键工序
4	钢结构焊接	关键工序
5	预埋件的预留预埋	关键工序
6	设备基础交安	关键工序
7	设备安装	关键工序
8	防雷接地	关键工序
9	混凝土灌注桩	特殊工序
10	大体积混凝土施工	特殊工序
11	密封防臭施工	特殊工序
12	原料储料坑池防腐防渗漏	特殊工序
13	压力管道的焊接	特殊工序
14	筑炉施工	特殊工序
15	高低温烘炉	特殊工序
16	锅炉水压试验	特殊工序
17	管道吹扫	特殊工序
18	汽机安装	特殊工序
19	余热锅炉施工	特殊工序

3.4.1.3 常见质量通病预防措施

提高工艺质量是保证工程质量的重要途径，为了提高工艺质量，应通过同类工程的总结，对各分项工程进行通病分析，制定相应的预防措施。

1. 建筑专业工程质量通病预防措施

（1）混凝土工程

1）墙体裂缝防治

在两种不同基体交接处，采用钢丝网抹灰或耐碱玻璃网布聚合物砂浆加强带进行处理。

填充墙砌至接近梁底、板底时，应留有一定的空隙，填充墙砌筑完并间隔15d以后，方可将其补砌挤紧；补砌时，对双侧竖缝用高强度等级的水泥砂浆嵌填密实。

砌体结构砌筑完成后宜60d后再抹灰，并不得少于30d。

2）楼板裂缝防治

预拌混凝土进场时按检验批检查入模坍落度，坍落度不应大于180mm。

严格控制现浇板的厚度和现浇板中钢筋保护层的厚度。

现浇板中的线管必须布置在钢筋网片之上（双层双向配筋时，布置在下层钢筋之上），严禁水管水平埋设在现浇板中。

3）蜂窝防治

混凝土自由倾落高度不得超过2m，如超过2m，要采取串筒、溜槽等措施下料。

混凝土的振捣应分层振捣密实，浇筑层的厚度不得超过振动器作用部分长度的1.25倍。

4）麻面防治

模板表面清理干净，不得粘有干硬水泥砂浆等杂物，浇灌混凝土前，模板应浇水充分湿润，模板缝隙，应用油毡纸、腻子等堵严，模板应选用长效的隔离剂，涂刷均匀，不得漏刷。

混凝土应分层均匀振捣密实，直至排除气泡为止。

5）孔洞防治

在钢筋密集处，可采用细石混凝土浇筑，使混凝土充满模板间隙。预留孔洞处在两侧同时下料。

（2）防水工程

1）防水混凝土结构防渗漏

墙板和底板，以及墙板和墙板之间的施工缝要留置适当，防止新旧混凝土之间形成夹层，使地下水沿施工缝渗入。

养护及时，防止产生干缩和温度裂缝，造成渗漏水。

穿墙管道设置止水法兰盘，管道做认真处理，使周围混凝土与管道粘结严实，防止渗漏水。

2）楼地面防渗漏

管道安装前，楼板板厚范围内上下水管的光滑外壁应先做毛化处理，再均匀涂一层401塑料胶，然后用筛洗的中粗砂喷撒均匀。

防水层施工前应先将楼板四周清理干净，阴角处做小圆弧。墙面应进行不少于2次的刮糙，防水层上翻高度不得小于300mm。

有防水要求的，当地面施工完毕后，应进行24h蓄水试验。

3）门窗防渗漏

门窗框安装固定前应对预留墙洞尺寸进行复核，用防水砂浆刮糙处理，然后实施外框固定。

门窗安装应采用镀锌铁片连接固定，镀锌铁片厚度不小于1.5mm。

门窗洞口应干净干燥后施打发泡剂，发泡剂应连续施打、充填饱满。

打胶面应干净干燥后施打密封胶，且应采用中性硅酮密封胶。严禁在涂料面层上打密封胶。

4）屋面防渗漏

卷材防水层收头宜在女儿墙凹槽内固定，收头处应用防腐木条加盖金属条固定，并用密封材料将上下口封严。

在屋面各道防水层或隔气层施工时，伸出屋面管道、井（烟）道及高出屋面的结构处，均应用防水材料做泛水，并用管箍或压条将卷材上口压紧，再用密封材料封口。

屋面防水层施工完毕后，应进行蓄水或淋水试验。

2. 钢结构工程质量通病预防措施

（1）焊缝质量

对首次采用的钢材、焊接材料、接头形式、坡口形式、焊接方法、焊后热处理和不同品种的钢材之间的焊接等，应进行焊接工艺评定，并应根据评定报告确定焊接工艺。

对接接头、T形接头和要求全焊透的角部焊接，应在焊缝两边配置弧板和引出板，其材质应与焊件相同或通过试验选用。

引弧板、引出板、垫板的固定焊缝应焊在接头焊接坡口内和垫板上，不应在焊缝以外的母材上焊接定位焊缝。焊接完成后应割除全部长度的垫板及引弧板、引出板，打磨消除未融合或夹渣等缺陷后，再封底焊成平缓过渡形状。

如需现场焊接时，应由两名或两名以上焊工在相互对称的位置以相等速度同时施焊。发现焊接引出母材裂纹或层状撕裂时，应更换母材，经设计和质量检查部门同意，也可进行局部处理。

（2）安装质量

安装前，应对构件的外形尺寸、螺栓孔径及位置、连接件位置及角度、焊缝、栓钉焊、高强度螺栓接头摩擦面加工质量、栓件表面的油漆进行全面检查，在符合设计文件和有关标准的要求后，才能进行安装。

钢构件定位采用空间坐标控制，由杆件拼接焊接引起的收缩变形，或其他引起杆件的压缩变形，应在制作时加以考虑并调整杆件的实际长度。

构件安装顺序应认真设计，尽快形成一个刚体，以便保持稳态，也利于消除安装误差。

钢结构安装前，应根据定位轴线和标高基准点复核和验收预埋件或预埋螺栓的平面位置和标高。

（3）表面质量问题

包括划痕、凹陷、氧化等。预防措施包括合理安排作业顺序，防止钢构件表面受到损坏或污染；使用适当的防护措施，如防锈涂料或薄膜覆盖，以保护钢结构表面。

3. 锅炉专业质量保证措施

（1）控制系统气、烟、水、汽等泄漏的措施

泄漏介质：气、烟、水、汽等。

泄漏点：管道、阀门、管接头、焊口、法兰、密封装置。

1）汽、水、空气等管路质量通病的控制措施

法兰结合面清扫干净、平整、无毛刺、水线清晰、加垫正确、间隙均匀，螺栓对角紧固、受力均匀。选择正确的密封填料，分清耐油、耐酸、耐碱、耐高温材料的不同用途，严禁错用。

阀门在安装前根据有关规定和要求进行必要的阀门水压试验和解体检查。

与压力部件施焊的密封件、保温钩钉、热工测点等所有部件必须在水压前焊接完毕，并且焊接、热处理、探伤结束。

锅炉疏放水小管路安装前进行酸洗，并且采用全氩弧焊接工艺，裸露管口用塑料盖封堵住。

2）进出口烟道、烟囱质量通病的控制措施

所有组件组合、安装焊缝做透油试验，消除砂眼、夹渣、漏焊。

法兰结合面清扫干净、平整、无毛刺、加垫正确。

挡板门的转动部分，如盘根、密封等，安装前要经过检查；烟道的补偿器法兰连接时，垫片加装要正确，螺栓应对角紧固、受力均匀。

所有进出口烟道保温密封板必须按图纸要求安装正确。

3）转动机械质量通病的控制措施

每台机械的安装必须按照制造厂的编号进行安装，不能错用。

同一台机械制造厂留有标记的两部件安装时，标记必须相吻合，不能随意安装。

机械各部件的法兰结合面安装前一定要清扫干净，清除毛刺和杂物，水线清晰、加垫正确，螺栓紧固受力适当、间隙均匀，螺栓露出长度一致，正确选择密封材料，且放置正确部位。连接螺栓全部安装到位，无漏装现象。

各人孔门、检修孔门关闭严密，盘根及石棉绳放置正确。

机械各部件焊接符合图纸要求，确保无漏焊。

管接头丝扣连接必须正确加入密封材料，连接紧固、受力均匀适当。

阀门在安装前根据有关规定和要求进行必要的阀门水压试验和解体检查。

对于转动部分的动静结合部分如盘根、机械密封等部位应做检查，确认完好无损，润滑油泵等转动机械应进行解体检查（厂家不允许解体的除外）。

所有液压油管路均采用无齿锯切割，严禁火焰切割，油管的焊接采用全氩弧焊接。

油管道预组装中，认真清理管道内杂物，必须将压力表、温度计等接口开孔完毕，然后再进行酸洗。

油管道安装前，先将管子和管件酸洗，去锈后用石灰水中和，再用净水冲干净，最后用压缩空气吹干，不准用蒸汽吹干，以免破坏钝化层。吹干后的管子用塑料布封口保存，管件亦用塑料布包好，放在干燥处统一保管，随用随拿。管道正式安装时要保证周围环境清洁，对口前管道内必须用油浸布条拉一遍，不得强力对口，焊口的焊接工作一次完成。

（2）控制压力容器内部清洁度措施

管道施工时内部必须清扫干净，严禁在管道内存放工具、焊条、焊丝等物品，以免遗失在里面。

设备内施工作业完成后，必须办理由工程监理参加封闭签证手续，并及时封闭。安装过程中确保无安装敞开口，敞开口配置临时专用封盖及时封堵。

氢、水、油钢管采用酸洗清理工艺。衬胶、塑料、水泥管等复合管采用水冲洗清理工艺。衬胶、塑料、水泥管等复合管安装过程均做管内清理检查，做好记录。

钢管管口采用机械方法加工坡口，并做好清理、编号等记录。焊接时采用氩弧焊打底电焊盖面，特殊管道焊接采用管内气体保护的焊接工艺。

中、低压汽、水钢管组合时要保证无死角，便于清理。安装时用压缩空气吹净后，用临时专用封盖及时封堵并做好吹扫清理和编号记录。

油管道采用二次组装法施工工艺，即预组装配置和最后安装两步进行。二次安装过程中均对每组管件做内壁酸洗、冲洗清洁。

阀门解体检查时，彻底清理阀壳内的铸砂并将粘连处打磨出金属光泽。

法兰结合面、密封面垫片的配置确保垫片内径大于法兰内径 $1\sim2$mm。

金属压力容器采用内部机械清理、加特殊防护涂层和接入系统清理三种内部清洁度控制手段。

分部试运转时，按管内流通介质和对清洁度不同标准的要求，分别采用气、汽、油、水冲洗、酸洗及脱脂等方式对其进行清洁。并在冲洗过程中增设临时滤网、提高清洁度。增设临时管路，确保系统无死角。控制管内液体流量。滤网的目数大小按系统对清洁度的要求提高一个等级。

油系统冲洗严格按系统状况分三阶段进行，即母管系统、支管系统、整个油系统。每个阶段冲洗的油质按设计技术标准进行，直至合格。

（3）控制锅炉密封不严的措施

1）施工准备的质量要求

施工前，技术人员需仔细审查设计图纸，明确设计构造细节，编制可操作的作业指导书，指导施工。

密封的工件应经清点、编号，并检验合格后方可点焊到位。密封材料需经现场取样检验合格后才能使用。密封的施工现场应有有效的防雨措施。密封焊缝侧的油污，铁锈等杂质必须清除干净。

密封施工区应有安全可靠的脚手架，确保在安装密封件及焊接中有良好作业条件。

密封施工前应进行工况试焊，经检验合格后才能大批焊接。

2）消除焊接不良漏烟的主要措施

① 施工时应严格按作业指导书焊接安排的顺序进行。

② 密封件搭接间隙要严密和压紧，其公差应在规范要求范围内。

③ 焊缝停歇处的接头，应彻底清除药皮才能继续焊接。

④ 焊弧走弧应均匀，消除夹渣和气孔。

⑤ 接头焊缝必须采用合理的焊接顺序，有防止焊接导致结构变形的措施。

⑥ 焊缝间隙符合焊接工艺评定要求，填塞材料材质应与设计相同。

⑦ 焊缝应严格按设计图纸的厚度和位置进行，不得漏焊和错焊。

⑧ 焊工交接班之间每班应进行互检，消除缺陷共同提高。

（4）控制支吊架安装工艺差的措施

① 支吊架的根部、管部、连接件等尽可能地进行工厂化加工制造，例如：型钢、钢板、孔的下料工作均采用机械加工。

② 支吊架位置应事先放线，检查位置不正确者应和设计单位商定另设固定点。标高不正确则应加焊铁件调整，保证全部达到设计标高。

③ 加工配制支吊架入厂后，应全部逐件开箱进行检查，保证尺寸正确，焊缝均匀，滑动灵活，弹簧型号和位置正确。

④ 支吊架的修改工作，可遵循相关设计标准、工艺导则，以及支吊架设计手册。连接件的连接螺纹均露出连接体3～4齿牙，且连接螺母均留出足够的调整余量。

⑤ 检查管系内的所有支吊架根部吊点与管部吊点吊杆的垂直度是否符合施工图纸的技术标准。其总体布置要做到整齐有序、工艺美观，标识一致。

⑥ 支吊架安装的工艺顺序：支吊架根部位置确定→支吊架根部安装→支吊架组件安装（连接件、弹簧、管部件）→管件吊装→支吊架管部与管件一次安装调整定位。

⑦ 弹簧变形应逐个进行检查，保证同一管线支架的变形误差在5%以内。

⑧ 滑动支架的滑动面和管道支托的接触面应平整，要保证滑动支架的注油工作，其油料在施工温度和使用温度两种情况下都应满足功能要求。

⑨ 支架灌浆面应高于支架底座板面，支架灌浆强度没有达到80%前，禁止承重和震动。

⑩ 支吊架的安装必须按照管道安装的性质做三次调整，即临时安装调整、冷态调整和热态调整，每次调整后做好施工技术记录。

（5）消除管道阀门布置位置不合理措施

施工前进行充分的技术准备，仔细审核整个锅炉的相关图纸，重点是可能相碰的部位。在考虑管路布置时，积极与电气、热控、管道、保温等相关专业联系，避免因专业间接口问题造成返工，导致管道布置杂乱。

对于小管径（放空、取样、疏水等）管道施工，因无设计，所以需要认真研究图纸，深入现场了解周围环境及设备情况，确定管路的具体走向、布置，并应用CAD软件绘制出各系统管路的立体安装布置图，报请相关部门批准后再进行具体施工。管路布置应做到：路径简洁、位置合理、布置集中、排列整齐、间距相等，水平段坡度合理一致。

在考虑管道布置的同时确定阀门的安装方向与位置，阀门的安装位置应征询业主的意见，考虑运行人员的操作习惯，将有关要求在管道布置图中予以说明。阀门布置基本原则：集中布置、标高统一、排列整齐、开关方向一致，便于操作。

布置管道时要考虑到管道保温，成排管束应预留足够的保温空间，同时管道尽可能沿径向转向，减少空间弯。为提高外观工艺和保温刚度，不同管径管子成排布置时，大管布置在外侧，小管布置在内侧。

施工前进行细致的技术准备，同时充分考虑阀门布置位置的空间大小、阀门高度、手轮方向、阀门间距等因素，总体以工艺美观、便于运行人员操作为依据。阀门安装完毕必须悬挂标牌。标牌规格、样式应统一，内容齐全、字迹清晰，悬挂位置合理美观。

在管道施工中要充分考虑各系统管道的热膨胀量，根据膨胀量的不同，每间距$10\sim15m$设置一个膨胀弯头（成排管束的弯头位置要一致），以吸收各段的膨胀，避免因热膨胀造成的管子弯曲变形。现场制作的弯头一律采取冷弯加工，不准使用火焰弯制。

由于部分管道为合金材质，在安装前必须进行100%光谱复查，并将复查结果用记号笔标在管子两端，同时将合金管与普通管分类保管，以免错用。

（6）控制锅炉本体膨胀受阻措施

受热面部件与钢架平台相碰现象比较普遍，尤其以受热面模块与炉墙护板相碰居多。积极联系现场设计或厂家代表，安装阶段应根据图纸考虑留出膨胀余量。

锅炉投入热态运行前，必须确定主钢结构柱的膨胀状态符合厂家设计要求。

4.汽机专业质量通病控制措施

（1）控制油系统跑、冒、滴、漏措施

根据以往经验导致运行中系统漏油的因素有：

油系统管道方面的因素：管道及连接件、紧固件、密封件等部件的质量问题；焊接工艺、焊接质量；法兰、垫片、锁母及接头等连接件、密封件的选择、安装。

油系统设备方面的因素：设备的法兰、接头、锁母及垫片严密性不好等质量缺陷；设备、设计中存在的一些问题及设备运行中出现的异常情况。

针对以上各种因素，为消除设备系统漏油现象出现，采取以下措施：

1）油管道安装的过程防止质量通病措施：

① 对管道及连接件、紧固件、密封件等部件的质量要严格把关，每一个管件都要有材质证明和质量合格证。

② 碳钢管道及管件要经过酸洗、钝化处理，并确保酸洗、钝化的质量。

③ 管道焊接要采用氩弧焊打底，$DN50$以下的管道要采用全氩焊接，平焊法兰采用

内外双面焊接以增强其严密性。

④ 管道焊接要由合格高压焊工担任，坚决做到一次焊接成功，避免返工。

⑤ 所有管道的法兰结合面要使用石墨缠绕垫，确保垫片清洁、平整、无折痕及损伤。

⑥ 管道的法兰连接要确保无偏斜，严禁强力对口，法兰螺栓必须对称均匀紧固。

⑦ 用锁母连接的油管必须符合要求：检查锁母必须由整块金属制成，不得使用焊接锁母；球形口的锁母接头须涂色检查，其接头要严密。

⑧ 油系统管道按照规范要求比例做好光谱与透视试验。

⑨ 对于阀门除厂家有特殊要求的以外，必须进行解体检查及打压试验，更换盘根、垫片（要求材质为四氟乙烯），并做好记录。

⑩ 由于抗燃油具有腐蚀性，所以对其采用的垫片及密封圈要有足够的备件。

2）对厂家设备质量要严格把关，尤其是管件的接口处，应严格按规范进行检查。

① 设备自带的接头、法兰、锁母一定要逐个仔细检查，确保其质量，对其采用的垫片，要检查确认其清洁、平整、无折痕，密封严密，并要符合材质要求（四氟乙烯垫或高压耐油密封圈），否则更换，并做好记录。

② 轴承座的清理检查、渗油试验问题严格控制：

（a）轴承座的油室及油路应彻底清洗、吹干，确保其清洁、畅通、无任何杂物，内表面所涂油漆应无起皮和不牢现象，如油漆能溶于油中则应予除掉。

（b）轴承座与轴承盖的水平结合面，紧好螺栓后用 0.05mm 塞尺应塞不进，通压力油的油孔四周用涂色法检查，应连续接触无间断。

（c）放油丝堵要确保严密不漏，汽轮机测速小孔的盖必须严密不漏。

（d）轴承座油室应做灌油试验，灌油前轴承座内必须清理干净，灌油高度不低于回油口的上口外壁，灌油经 24h 应无渗漏，如有渗漏应进行修补并重新试验。

（e）对于设备设计中存在的问题要与设备厂家协商共同解决。

③ 设备进入厂房及就位后，加油、清理和设备异常情况漏油时不污染设备基础和地面，具体措施如下：

（a）凡盛油的容器使用前检查严密不漏。

（b）大容器倒运时，使用运输机械，不得滚动。

（c）设备上油或油循环使用临时管时，在油路经过的沿途加垫严密不漏的油盘。

（d）加油时用较小的桶进行加油，且加油前后将桶口用棉纱擦拭干净，防止有油滴在地面或基础上。

（e）清理前，应用较干净的塑料布将设备或基础地面盖住，防止污染设备基础和地面。清理完地面后，对设备进行擦拭，先将上面的油迹等擦拭干净，再用干净的棉纱擦设备，且要做到一有污染就随时擦干净，防止结垢后难以清理干净。做到每天定时检查可能漏油的设备及管件接头处，做到预防为主。

（2）控制辅机漏油、漏水预防措施

1）漏油的预防

从设备方面：对于所有辅助机械轴承油位计、丝堵、油站的连接法兰、管件连接、丝堵、测点等部位在加油之前要全面检查，各部位使用的垫片要更换成耐油的石棉橡胶板或耐油胶皮。法兰在紧固时要对称均匀紧固。对于排油门、丝堵、油位计等部位，要用生料带缠好丝扣后重新装上拧紧。注意检查轴承座轴封应留有回油槽，若没有应联系厂家对轴承座轴封加工回油槽。轴承箱漏油在其他工程中多次出现，主要原因是轴承箱的制造质量不过关。

从安装工艺方面：辅助设备在安装中一定要按照图纸的设计要求进行密封，轴承上的连接管、丝堵、测点必须用生料带缠好进行密封。油管路在安装时，接头部位不能强力对接，接头紧固要严密牢固。法兰连接部位加好耐油垫片，法兰不能偏斜，要均匀紧固。回油管在安装中要注意管路的坡度，靠油站侧是低点位置。加油时必须控制油位到正常油位。

2）漏水的预防

对于辅机的冷却水管接头、阀门部件在安装前要检查管件的完好性，管件、阀门不能有裂纹，丝扣连接时必须缠好生料带，管件、阀门连接时应自然对接，不能强力对口。管件（活接头）在安装时要装在阀门与设备之间，便于拆卸检修。冷却水系统在安装后需进行水压试验确保系统的严密性。

泵在安装时要调整轴封压兰，使轴封滴水量控制在规范要求的范围内，为了不使轴封水流到泵基础四周，建议在泵轴封滴水位置下部安装接水漏斗，用 $\phi18$ 或 $\phi25$ 的管子引至排水沟内。

5. 电气专业质量通病控制措施

（1）消除电缆管质量通病措施

电缆管（暗敷）在电缆隧道（沟）内露出部分长度为 50mm。且同一管径或相近管径应在同一水平线上。同一设备的电缆管应尽可能集中布置。同一设备的电缆管，无论管径大小，应以靠近设备侧管径边对齐。

设备侧电缆埋管露出地面部分长度应一致，且为 100mm。明敷电缆管并排布置时，管之间的净距不应小于 20mm。电缆埋管的地上部分应垂直无偏斜，且长度超过 1m 时，必须加装固定支点，固定支点间距不超过 3m。电缆管的弯头不超过 3 个，直角弯头不多于 2 个。电缆管接口部位不得露出地面以上，焊接处应刷防腐漆。电缆管对口处，管口外露处必须将管口磨圆滑，以免电缆穿过时被划伤。

电缆埋管必须做临时封堵，以防杂物堵塞。封堵件统一规格，点焊于管口处。

地下埋管必须为镀锌钢管，且镀锌层完好。

（2）消除电缆敷设质量通病措施

电缆敷设工程在电缆施工前，设计、监理与施工单位进行设计交底，并进行三方图纸会审。结合现场实际找出错项，补充漏项。由于机组大量采用计算机 DCS 控制，增加了大量的控制电缆和信号电缆。因此应仔细审图，检查有无漏设电缆，为施工做好准备，并核实电缆长度、规格，熟悉电缆通道及各设备位置，并在托架上标出电缆托架的断面编号。在编制电缆清册时，首先各专业仔细研究电气原理图，按照原理图的电缆连接路径核计电缆数量、所用芯数，汇总成册后与设计院所给的电缆清册核对电缆有无遗漏，以保证在电缆敷设过程中不多放一根电缆也不少放一根电缆。最后在编写清册时，要把同一路径的电缆编写在一起。清册编写完成后，在每一块盘柜后面的两侧贴上每一侧所需的电缆，以便敷设时准确核实电缆并预留长度。

桥架应予组合，校正偏差，防止不平直，严禁在施工中将电缆桥架用作脚手架使用，不允许采用电（火）切割、修正电缆桥架，不允许将电缆桥架作为电焊的接地连接，也不能将电缆桥架作为其他工序的支吊架。

电缆孔洞间隙部分应使用合格的防火材料堵抹，堵抹面应具有足够的强度，表面工艺美观。电缆穿越防火墙时，对结构不严的地方要设防火卡具。

在进行热塑头制作时，要符合工艺规程，热塑管中无气泡，线鼻子与芯线连接规格应相符，接触良好，无裂纹、断线。铜线鼻子镀锡干净，焊锡饱满凸出，表面光滑无毛刺。

控制电缆头装配应做到紧固、密实、牢固、整齐、美观。

二次接线应有按设备实际位置排列的电缆端接接线卡，接线应从上层到下层、从左到右的顺序进行。线间固定保持间距一致、平整，拐弯处应在同一位置、同一形状，以保证接线工艺的整齐、美观。

6. 热工专业质量通病控制措施

（1）控制热工管道系统泄漏措施

确保所使用的电动门及执行器的安装质量，设备到现场后要对其密封性进行仔细检查、验收，才能从根本上解决其漏油问题。

厂供就地仪表盘安装后，会同质量部门对其整体质量进行检查，对质量差的部件进行更换。

要求供应部门采购质量好的仪表管，并保证仪表管管口的椭圆度尽可能小，选择质量好、加工精度高的卡套接头。

仪表管焊接时，施工人员及技术人员对每一路、每一段仪表管做好记录，并在仪表管上做好标识，焊接结束后对每一道焊口进行复查，落实责任人，防止漏焊、错焊。

对焊接人员应持证上岗，并在焊接前进行焊前培训，选择技能好、责任心强的人员进行施工，对焊口质量每天进行检查验收以确保焊口质量。

仪表阀门安装前必须进行阀门打压，并做好检修记录。合金钢材的阀门安装前委托金属试验室进行光谱检查，合格后方可进行安装，安装后再次进行光谱复查。

卡套接头与仪表管连接及仪表阀门接头紧固时，选择施工经验丰富、责任心强的施工人员进行施工，并把责任落实到个人，紧固时对有特殊要求的卡套接头根据厂家要求进行操作，紧固尺度及力度要一致。

试运期间，对频繁拆卸的仪表接头的垫圈，要求每拆卸一次都进行更换，如果接头性能下降也要进行及时更换，并准备好足够的备件。

所有垫圈要根据介质及参数的不同选择不同材质的垫圈。

（2）仪表管焊接时，要确保对焊不要错口，焊接时火焰强度要把握适中，以免铁水流入管内。

气源管路投运前必须进行彻底吹扫，从设备进口处松开接头进行吹扫，吹扫时间保证30min以上，确保管路内部无杂物后连上接头。

3.4.2 检测试验管理

3.4.2.1 试验管理要点概述

质量是工程的生命，试验检测是工程质量管理的重要手段。在项目管理中，试验检测是技术方案实施的保障，是各项质量控制活动的枢纽，也是竣工资料的核心依据。在项目前期需做好以下几项主要工作：

（1）编制检测试验计划：在施工准备阶段，由项目试验员编制《检测试验计划》报监理审批，用来细化设计图纸相关检测要求，明确质量控制参数及检验频率。《检测试验计划》通常应包含检测试验项目名称、检测试验参数、试样规格、代表批量、施工部位、计划检测试验时间等内容。在检测工作开展时，应跟踪原计划的实施情况，必要时应进行动态调整。

（2）标准养护室的建立：工程项目施工现场应根据工程规模建立能满足要求的现场标准养护室或标准养护箱。标准养护室的大小需要根据工程规模以及施工进度来定，需要在赶工时期有充足的位置进行试件养护。根据需要划分养护室、制件区、试件留置区、工具摆放区、现场办公室等，整体布局应合理便捷。

（3）对主要材料生产场地的联合考察：试验室作为工程材料的监督部门，除了在材料进场时进行取样检验，还应联合物资部门对主要材料的料源及厂家提前进行考察，以降低材料进场时的不合格率，从而减小工程因材料短缺造成的工期风险。

3.4.2.2 人员及仪器工具配备

（1）试验人员配备

应根据工程规模及施工进度要求，配备相应的专业试验人员，试验人员经过岗前培训，具备试验员资格。在项目总工程师（主任工程师）的领导下负责现场的原材料取样和送样检验等有关现场的试验工作，同时协助项目内业做好在建工程试验资料的管理工作。

（2）仪器工具配备

根据设计图纸及施工进度要求，拟配备各类设备工具，以确保各项日常检测工作顺利开展。使用的设备工具必须严格按照国家规定，制定周检计划表并定期进行检定校核，未经检定的设备工具不得使用。项目常用检测设备工具清单见表 3.4-2。

项目常用检测设备工具清单　　　　　　　　　　　　　　　　表 3.4-2

序号	仪器设备名称	规格型号	用途
1	无人机	大疆精灵 4 RTK	原地面测量
2	全站仪	LeicaTC702	施工放线
3	精密水准仪	C32Ⅱ	施工放线
4	电子经纬仪	ET-02	施工放线
5	激光铅直仪	JC100	施工放线
6	钢卷尺	50m	
7	混凝土试模	15cm×15cm×15cm	混凝土试块
8	砂浆试模	7.07cm×7.07cm×7.07cm	砂浆试块
9	混凝土抗渗试模	175mm×185mm×150mm	混凝土试块
10	坍落度筒		混凝土试验
11	振动台		混凝土试验
12	回弹仪		混凝土检测
13	兆欧表	ZC25-3　500MΩ	测量电气设备
14	接地摇表	ZC-8　100Ω	接地检测
15	万用表	920Z	电子测试
16	测温仪		烘炉检测

序号	仪器设备名称	规格型号	用途
17	压力表	Y-100 1.6MPa	压力检测
18	混凝土回弹仪	ZC3-A、10～100MP	混凝土强度检测
19	动力触探仪	轻型、10kg	地基承载力检测
20	游标卡尺	0～200mm	钢筋公称直径检测
21	钢直尺	500mm	混凝土坍落度测定
22	红外测温仪	－40～550℃	沥青温度等测量
23	电子计重秤	5kg/0.1g	含水量检测
24	工程检测尺	JZC-2型	平整度检测

3.4.2.3 检测类别

根据检测类型可分为以下四类：

（1）工程原材料检测。

（2）工程半成品检测。

（3）工程实体检测。

（4）专业检测。主要分为设备本体检测和性能检测，检测一般通过第三方专业机构进行，如锅炉检测、特种起重设备检测、汽机检测等，检测内容如下：

1）焚烧锅炉或高温蒸煮锅炉检测：需要进行压力测试、安全阀调试、泄漏测试和燃烧效率测试等。

2）汽轮机检测：需要进行运行试验、振动测试、轴承温度和油液质量检测等。

3）发电机检测：发电机负责将机械能转化为电能，需要进行绝缘测试、转子动平衡测试、励磁系统测试和负荷性能测试等。

4）变压器检测：变压器负责将发电机产生的电能传输到输电网中，需要进行绝缘测试、过载和短路测试以及油质检测等。

5）输变电检测：输电线路需要进行绝缘测试、放电测试、电流负荷测试和地线电阻测量等。

6）控制系统检测：电厂的自动化控制系统需要进行功能测试、稳定性测试和通信测试等。

7）压力容器及管道检测：对容器的密封性、强度和耐腐蚀、耐高温性进行检测。

3.4.3 工程验收移交管理

主要包括过程验收和竣工验收两部分，竣工验收后移交给建设单位投入运营。

3.4.3.1 过程验收

固废处理类验收一般分为常规的建筑工程质量验收，参照常规市政工程验收内容和程序，进行结构、建筑、机电安装等验收，主要由当地的质量监督机构进行；行业内的验收主要针对工艺设备施工质量验收，如生活垃圾焚烧发电项目由具备电力监督检查的机构或电力局进行。特种设备由特种设备检测进行验收，如电梯、锅炉、行吊等。

过程验收即根据工程报批的《单位工程与分部分项工程划分表》，在竣工验收前组织的各项验收，主要包括检验批验收、隐蔽验收、分项工程验收、分部工程验收、子单位工程验收等。过程验收一般只有参建的五方责任主体参加，重要分部工程验收需邀相关监督机构参加，主要进行过程施工质量管控，形成的记录文件及影像资料应及时分类收集归档。

3.4.3.2 竣工验收及移交

固废处理类环保项目，大部分竣工验收都在试运行期满后进行，试运行期为 6 个月至 1 年。

固废处理类项目竣工验收，除包含的工程质量验收、规划验收、绿化验收、消防验收、人防验收、节能验收、海绵城市验收外，还包含环保验收、取证验收等专项验收。

专项验收一般单独进行，不与工程整体竣工验收同步进行，其他验收根据各地区要求采取单独验收或联合验收。

3.5 安全与文明施工管理

3.5.1 固废协同处置产业园安全管理形势

（1）作业种类多、作业环境复杂：固废协同处置园区各处理单元除常规结构施工外，由于其结构复杂、结构形式多样、大型设备多，且结构施工、基础施工、设备安装、装饰装修、水电气管线电缆等穿插施工、交叉施工作业量大、种类多，且构造异性多变、布局紧凑，密闭作业、临空作业点多使得各专业施工作业环境复杂。除此之外，还有固废处理各系统涉及大量剧毒、强腐蚀、易挥发的工程材料使用，施工本身会对施工环境产生重大改变。这对固废处理工程的施工提出了更高的要求，造成了施工安全控制的复杂性。

（2）起重吊装作业量大：为满足设备吊装需要，项目除常规的塔式起重机、施工升降机等起重吊装设备外，还采用大量的汽车起重机、履带式起重机、正式行吊进行设备、钢结构、屋面桁架吊装。尤其在工期紧张的情况下，还有可能进行多层次立体式施工，所以机械设备的安全管理显得非常重要。保证各机械资源的充分应用，强化机械的保养维护，出现异常及时进行修理，不能出现机械带病工作形成安全隐患。

（3）从业人员准入门槛低：由于其施工内容多种多样，使得从业人员工种多，由于固废处理类施工项目较少，类似工程施工人员较少，大部分工人缺乏相关类似工程施工经验，还对自我保护和保护他人等安全知识缺乏，对不良行为的自控能力较差，缺乏一系列安全教育和安全制度的约束，容易造成这类群体中安全事故的发生。

（4）施工作业方法多样：由于工艺路线、设备种类、结构形式、工期要求、资源配置、作业环境等不同，即使是同一种施工内容，其施工方法也有可能不同，从而导致安全技术和管理的重点发生变化，加大了安全管理的难度。

3.5.2 常见固废处置产业园工程危险源清单

常见固废处置产业园工程危险源清单见表 3.5-1。

序号	作业活动	现场危险源	可能导致的事故
		<center>常见固废处置产业园工程危险源清单</center> 表 3.5-1	
1	基坑施工	（1）深基坑支护未按方案施工； （2）深基坑（槽）临边作业防护不到位； （3）在距离基坑（槽）边缘 1.2m 内堆放土石方或其他物料； （4）没有供作业人员上下的安全通道； （5）作业人员无安全立足点； （6）抽排水作业潜水泵未设置漏电保护器； （7）基坑（槽）内积水未及时抽排； （8）未设置安全警示标志、重大危险源公示牌	坠落、坍塌
2	模板施工	（1）模板支架搭设或拆除未按方案要求进行； （2）模板上施工载荷超过规定； （3）作业面孔洞及临边无防护； （4）高空抛掷物品（模板、钢管、扣件）； （5）施工作业人员防护用品不到位	坠落、坍塌、物体打击
3	脚手架工程	（1）脚手架搭设或拆除未按照方案要求进行； （2）架体搭设所使用材料的材质不符合规范要求； （3）架体上施工荷载超过方案要求； （4）大量在架体上堆放物料	坠落、坍塌、物体打击
4	高空作业	（1）临边防护缺失、防护用品缺失等； （2）违章作业或违章指挥； （3）操作人员酒后作业或患有不适合高空作业的疾病等； （4）施工过程中存在大量立体交叉作业	坠落、物体打击
5	交叉作业	（1）施工组织不合理； （2）防护用品缺失、旁站监督不到位； （3）高空抛掷物品或物料随意堆放； （4）无有效安全防护措施； （5）酒后作业或带病上岗	坠落、物体打击
6	地下管网	（1）开挖前未准确掌握施工区域地下管网分布情况； （2）开挖过程中未严格执行管网保护技术措施； （3）在既有地下管网水平距离 1m 范围内，使用机械开挖方式进行探挖或施工； （4）未设置安全警示标志、重大危险源公示牌； （5）未编制应急预案； （6）施工现场未配备应急抢险、救援物资	爆炸、中毒、触电
7	施工用电	（1）配电箱不符合"三级配电两级保护"，三级开关箱未按一机、一闸、一漏、一箱原则执行； （2）保护零线和工作零线混接； （3）开关箱无漏电保护装置或漏电保护装置失灵； （4）施工用电线路拖地、未采取防护措施； （5）电源线未使用五芯线或者使用四芯电缆外加一根线代替； （6）配电箱和开关箱材质厚度不符合要求； （7）箱体保护接零不符合要求； （8）外露的金属部件未根据有关规程和要求进行接地； （9）电缆芯及端子未适当装配、固定、支撑并未用不同的颜色以正确识别； （10）保护盖不合适，提示和标签未完全正确，并未安装在适当的位置； （11）电缆和设备的绝缘电阻不满足有关规定要求	触电、火灾

序号	作业活动	现场危险源	可能导致的事故
8	钢结构及大型设备吊装	（1）未编制专项施工方案或方案不符合要求； （2）汽车起重机、履带式起重机所处位置基础不牢固、吊臂与地面夹角过小、超载等； （3）违章吊装或违章作业； （4）吊装设备未及时保养，带病作业； （5）吊装构件为有效固定	坠落、物体打击、机械倾覆
9	塔式起重机安装、拆除及使用	（1）无塔式起重机安拆方案就进行施工； （2）施工过程中突遇大风、沙尘暴等恶劣天气； （3）塔式起重机吊装违反"十不吊"操作规定； （4）吊装机械未及时保养，带病作业	坠落、物体打击、机械倾覆
10	现场消防	（1）易燃物随意堆放、无隔离措施； （2）施工人员消防意识淡薄，随意抽烟、冬季在现场生火取暖； （3）现场消防设备配备不齐全	火灾
11	密闭空间作业	（1）未按照方案规定的作业时长进行施工； （2）现场未设置通风换气设备； （3）施工前未对密闭空间进行有毒有害气体检测； （4）进入施工区域个人防护用品未佩戴到位	中毒、窒息、爆炸

3.5.3 工程安全管理要点

3.5.3.1 临时用电安全管理方案

（1）施工现场用电管理

施工现场用电线路、用电设施的安装使用必须符合相关安全技术规范，采用三级配电二级保护，即"一箱、一机、一闸、一漏电"制配电，总、分配电箱内均应贴上电路图，配电箱上锁，并标明责任单位、责任人姓名和联络电话。

（2）日常维护与检查

持证上岗，用电设备、闸箱等的接线、日常维护检查均须由取得相应资格的专职电工进行操作，并做好巡视、维修记录，严禁无证上岗。

定期对用电设备、供电线路、设施等的绝缘进行检测，不能满足安全使用要求的立即停止使用，并进行维修或更换。定期对供电系统接地电阻进行检测，并做好记录。

大风、大雨前后对整个施工现场的供电系统及用电设备进行检查，确保无安全隐患后再投入使用。

3.5.3.2 大型机械施工安全保障措施

大型机械安全管理小组：全面负责贯彻执行电力建设安全工作的有关规范，做好各类大型施工机械装、用、管、修、租、拆、运等过程中的安全管理工作。

塔式起重机安全管理措施见表3.5-2。

塔式起重机安全管理措施   表 3.5-2

规定	塔式起重机安全管理具体措施
塔式起重机信号指挥规定	信号指挥人员，必须经相关部门统一培训，考试合格并取得操作证书方可上岗指挥
	换班时，采用当面交接制

规定	塔式起重机安全管理具体措施
塔式起重机信号指挥规定	塔式起重机与信号指挥人员应配备对讲机,对讲机经统一确定频率后必须锁频,使用人员无权调改频率,要专机专用,不得转借。现场所用指挥语言一律采用普通话
	指挥过程中,严格执行信号指挥人员与塔式起重机司机的应答制度:信号指挥人员发出动作指令时,先呼叫被指挥的塔式起重机编号,司机应答后,信号指挥人员方可发出塔式起重机动作指令。塔臂旋转时,发出指示方向的指挥语言,应按国标执行,防止发生方向指挥错误
	指挥中,信号指挥人员应时刻目视塔式起重机吊钩与被吊物,塔式起重机转臂过程中,信号指挥人员须环顾相邻塔机的工作状态,发出安全提示语言,安全提示语言须:明确、简短、完整、清晰
	塔式起重机需防攀爬装置,严禁工作人员以外人员攀爬;塔式起重机底下安装通道,保证塔式起重机下通行人员的安全;安装塔式起重机电缆分线器,保障塔式起重机正常的工作;夜间需设置LED防碰撞指示灯,确保夜间工作安全
挂钩操作规定	起重工要严格执行"十不吊"操作规定
	清楚被吊物重量,掌握被吊物重心,按规定对被吊物进行绑扎,绑扎必须牢靠
	在被吊物跨越幅度大的情况下,要确保安全可靠,杜绝发生"仙女散花"现象
	起重作业前、中、交班时,必须对钢丝绳进行检查与鉴定,不合格的钢丝绳严禁使用
塔式起重机顶升安全规定	与相邻塔式起重机无影响时,可根据实际需要,确定本塔式起重机的顶升高度和顶升时间。但必须书面上报塔式起重机指挥中心,经审核签字批准后,方可进行顶升
	塔式起重机指挥中心在保证安全生产的前提下,本着就快不就慢的原则,根据工程进度,统一确定塔式起重机顶升高度和到位时间
	每台塔式起重机在自己独自作业区域内必须从规定方位回转进出,在群塔作业区内都不能抢进抢出,同时进入群塔作业区域内的塔臂之间要保持5m以上的距离,旋转时不可移动小车,大臂到位后方可使小车到位。塔式起重机驾驶室内将规定的回转方位、回转的角度等在警示牌上写清楚,保证塔式起重机司机能看到警示语
	将《群塔作业施工方案》发给每个塔式起重机操作工、信号工,并就技术要求对相应人员进行教育培训,确保其充分理解并实施《群塔作业施工方案》
	项目动力负责人对塔式起重机操作工、信号工除了进行一般的"安全技术交底"外,还应将《群塔作业施工方案》所规定的具体作业环境、危险因素、应急措施对操作人员和信号工及有关人员进行针对性安全技术交底。塔式起重机操作人员必须严格遵守"安全操作规程""十不吊"的准则,遵守《群塔作业施工方案》
	塔式起重机操作人员应遵守环境卫生,严禁酒后作业、严禁在塔式起重机上乱扔烟头、垃圾,在塔式起重机上小便要用容器收集后统一处理严禁污染环境
塔式起重机拆除	塔式起重机拆除人员必须熟知被拆塔式起重机的结构、性能和工艺规定。必须懂得起重知识,对所拆部件应选择合适的吊点和吊挂部位,严禁由于吊挂不当造成零部件损坏或造成钢丝绳的断裂
	操作前必须对所使用的钢丝绳、卡环、吊钩、板钩等各种吊具进行检查,凡不合格者不得使用
	起重同一件重物时,不得将钢丝绳和链条等混合使用
	拆除过程中,任何部分发生故障及时报告,必须由专业人员进行检修,严禁自行动手修理
	拆除高空作业时必须穿防滑鞋、系好安全带

3.5.3.3 "防高坠"安全措施

(1)项目的施工组织设计或专项施工方案中,凡涉及可能发生高处作业风险的,必须明确安全防护措施;攀登、悬空等特殊高处作业必须编制专项安全防护措施方案。在方案交底时,要进行高处作业专项技术交底,在安全技术交底时,要明确各项安全防护措施。

（2）安全防护设施的设置标准不得低于《中建三局施工现场安全防护标准图册》（2017 年）的要求，其中所有项目在混凝土主体结构施工时，孔洞必须采用同步预埋钢筋网片的形式防护，这必须作为一条强制标准执行。

（3）在高层建筑物施工中，作业面及以下 3～4 层（作业层、支模层、拆模层）的临边洞口处，必须"先防护再作业"；底层建筑施工中，各楼层的防护也必须全部防护到位后再作业。

（4）按楼栋或工区落实安全防护设施的具体责任工程师。项目要建立责任区域划分图，具体责任人要分阶段制定楼栋或负责区域内安全防护措施点位图，要细化到每一个防护点，确保防护无遗漏。项目每周对安全防护措施落实情况进行通报。

（5）钢结构安装作业等所用的竖向攀爬通道，要设置防坠器，在措施方案中明确防坠器选型及设置位置。

（6）电梯井内水平安全防护，结合项目实际情况，编制专项施工方案，进行受力计算。

（7）悬挑钢平台、落地式物料平台必须编制专项施工方案且有设计计算，悬挑钢平台两侧设置两道可伸缩式栏杆，栏杆采用普通钢管制作。验收严格按中建三局标准化图册进行，平台面与结构之间的间隙应封闭良好。

（8）落地架、悬挑外架架体内每步铺设钢筋焊接脚手板或热镀锌钢脚手板；技术部门在编制专项方案时，要充分考虑因增加填心杆、钢脚手板对受力的影响，并对钢脚手板承载力进行受力计算。

3.5.3.4 现场消防措施

编制施工现场消防安全专项方案，由上级单位审核、审批。设置室外消防给水系统或依靠 150m 范围内的市政消火栓系统。

消火栓的间距不应大于 120m，最大保护半径不得大于 150m，且与在建施工现场、临时用房、可燃材料堆场及其加工场的外边线距离不小于 5m，给水管道直径不应小于 $DN100$。

在建工程结构施工完毕的每层楼梯处应设置消防水枪、水带及软管，每个设置点不少于 2 套。消火栓结构的前端应当设置截止阀，且消火栓接口的间距在建筑范围内不应大于 30m。

临时用房建筑必须设置灭火箱，内装灭火器至少 2 具/箱，灭火器不少于 1 个/200m^2，且单具灭火器间距不得大于 25m，同时现场临时消防给水系统应当采取防冻措施。

1. 消防泵房配置

一般采用图纸设计的消防水池给临时消防供水，消防泵房采用专用消防配电线路，专用消防配电线路从施工现场总配电箱的总断路器上端接入，且应保证不间断供电。

临时消防给水系统的给水压力应当满足消防水枪充实水柱长度不小于 10m 的要求，给水压力不足时，应当设置消防水泵，消防水泵不应少于两台，消防水泵设置自动启动装置，保证消防应急需求。

2. 消防器材配备

消防器材架材质为钢质，尺寸有 610mm×610mm×180mm 或 900mm×1900mm×400mm 两种规格。

消防主管直径为 100mm，消火栓的布置间距约为 50m。在施工区域及生活区重点部位配置 4kg 干粉灭火器，成组布置，每组 2 个。

3.5.3.5 高空"防高坠"措施

1. 安全管理措施

（1）为预防作业人员高空坠落事故的发生，确保施工安全进行，保障作业人员的生命安全，所有高处作业人员在作业前必须由项目部对其班组进行高处作业安全知识教育。

（2）特殊作业人员必须持证上岗，作业前由技术负责人进行安全技术交底并签办手续。

（3）施工区作业前，由施工班组长对安全防护设施进行检查验收，经验收合格后方可作业，发现有安全隐患及时报告项目部安全员，进行排除。

（4）在可能坠落半径内，不得安排上下同时交叉作业。情况特殊，必须施工时，中间需设可靠的隔离措施。

（5）高处作业中的安全标志、工具、仪表、电气设备、必须在施工前加以检查，确认其完好，方能投入使用。

（6）高空作业严禁垂直重叠作业，汽车起重机操作时施工人员禁止站在吊臂下。

（7）攀登和悬空高处作业人员以及高处作业安全设施的人员，年龄应大于 18 周岁，且经体检确定身体健康。

（8）施工作业场所有坠落可能的物件，应一律先行撤除或加以固定。

（9）高处作业的所有物件，均应堆放平稳，不妨碍通行和装卸，工具应随手放入工具袋，作业中的走道、通道板、登高用具、应随时清扫干净，拆卸下的物件及余料和废料应及时清理运走，不得随意乱弃。

（10）雨天、风季、雪天进行高空作业时，必须采取可靠的防滑、防寒和防冻措施，高耸建筑物，应事先设置避雷设施。遇六级以上强风、浓雾等恶劣天气，不得进行露天攀登或悬空高处作业。暴风雪及台风过后，应对高处作业设施进行逐一检查，发现有松动、变形、损坏或脱落等现象，应立即修理完善。

（11）因作业需要，临时拆除或变动安全防护设施时，必须经施工负责人同意，并采取相应措施，作业后应立即恢复。

2. 安全防护措施

（1）外脚手架搭设和拆除

作业严格按照方案执行，由项目部组织验收合格后方可进行作业。作业层的脚手板必须铺设严密，下部铺设安全平网兜底，脚手板与建筑物之间的空隙保持在 10cm 以内。脚手架外侧采用密目式安全网全封闭，不得留有遗漏。作业人员通过专用通道上下架体，不得攀爬架体。

（2）模板工程应严格按照方案执行，支设完毕后由项目部组织验收。必须在混凝土同条件养护报告符合要求的前提下才可拆除，报技术负责人同意后方可进行拆除模板。模板工程在绑扎钢筋、清理模板、支、拆模板时必须保证作业人员有可靠立足点，作业面按照规定设置安全防护设施，模板及支撑体系的施工荷载应均匀堆置，不得超过设计计算要求。

（3）钢筋绑扎时的高空作业

① 绑扎钢筋和安装钢筋骨架时，必须搭设脚手架和马道。

② 绑扎圆梁、挑梁、挑檐、外墙和边柱等钢筋时，应搭设操作台架和张挂安全网。

③ 悬空大梁钢筋的绑扎，必须在满铺脚手架的支架或操作平台上操作。

④ 绑扎立柱和墙体钢筋时，不得站在钢筋骨架上或攀登骨架上下。3m 以内的柱钢筋，可在地面或楼面上绑扎，整体竖立。绑扎 3m 以上的柱钢筋，必须搭设操作平台。

（4）高空作业时混凝土浇筑

浇筑离地 2m 以上的框架、过梁、雨篷和小平台时，应设操作平台，不得直接站在模板或支撑件上操作。特殊情况下如无可靠的安全设施，必须系好安全带并扣好保险钩，或张设安全网。

（5）砌体施工安全措施

1）脚手架上堆料量不得超过规定荷载，堆砖高度不得超过 3 皮侧砖，同一脚手板上的操作人员不得超过 2 人。

2）不准站在墙顶上做吊线、刮缝及清扫墙面或检查大角垂直等工作。

3）不准用不稳固的物体在脚手板面垫高操作，更不准在未加固的情况下，在一层脚手架上随意再叠加一层。

4）在同一垂直面内上下交叉作业时，必须设置安全隔板，下方操作人员必须佩戴好安全帽。

5）人工垂直递砖时，要搭递砖架子，架子站人板宽度不得小于 60cm。

（6）门窗作业

1）安装门、窗、油漆及玻璃时，严禁操作人员站在樘子、阳台栏板上操作。门、窗临时固定，封填材料未达到强度，以及电焊时，严禁手拉门、窗进行攀登。

2）在高处外墙安装门、窗，无外脚手架时，应张挂安全网。无安全网时，操作人员应系好安全带，其保险钩应挂在操作人员上方的可靠物件上。

3）进行窗口作业时，操作人员的重心应位于室内，不得在窗台上站立，必要时应系好安全带进行操作。

（7）屋面及悬空施工

1）加强施工计划和各施工单位、各工种配合，尽量利用脚手架等安全设施，避免或减少悬空高处作业。

2）操作人员要加倍小心，避免用力过猛，身体失稳；悬空高处作业人员必须穿软底防滑鞋，同时要正确使用安全带；身体有病或疲劳过度、精神不振等不宜从事悬空高处作业。

3）在屋面上作业人员应穿软底防滑鞋；屋面坡度大于 25°应采取防滑措施；在屋面作业不能背向檐口移动；使用外脚手架工程施工时，外排立杆要高出檐口，并挂好安全网，檐口外架要铺满脚手板；不使用外脚手架工程施工时，应在屋檐下方设安全网。

3.5.3.6 受限空间作业安全措施

1. 安全隔绝

（1）受限空间与其他系统连通的可能危及安全作业的管道、阀门应采取有效隔离措施。

（2）管道安全隔绝必须采用插入盲板或拆除一段管道进行隔绝，不能用水封或关闭阀门等代替盲板或拆除管道。严禁用关闭阀门或用止逆阀代替盲板，盲板应挂标识牌。

（3）与受限空间相连通的可能危及安全作业的孔洞应进行严密封堵。

（4）受限空间带有搅拌器等用电设备时，应在停机后有效切断电源，采用取下电源保险丝或将电源开关拉下后上锁的措施，钥匙由作业人员保存。确实无法上锁的必须派专人监护，加挂"有人作业、禁止合闸"警示牌。

2. 清洗或置换

（1）受限空间作业前，应根据受限空间盛装（过）物料的特性，对受限空间进行清洗或置换。

（2）打开人孔、手孔、料孔、风门、烟门等与大气相通的设施进行自然通风。

（3）必要时，可采取轴流风机进行强制通风。

（4）采用管道送风时，送风前应对管道内介质和风源进行分析确认。

（5）通入压缩空气进行置换，应从底部加入压缩空气，且流速控制在 $2m^3/min$ 左右。

（6）禁止向受限空间充纯氧气或富氧空气。

（7）在条件允许的情况下，尽可能采取正向通风即送风方向可使作业人员先接触新鲜空气。

3. 检测

（1）作业前 30min 内，应对受限空间进行气体采样分析，分析合格后方可进入。

（2）分析仪器应在校验有效期内，使用前应保证其处于正常工作状态。

（3）采样点应有代表性，容积较大的受限空间，应采取上、中、下各部位取样。必要时分析样品应保留到作业结束。

（4）涂刷具有挥发性溶剂的涂料时，应做连续检测，并采取强制通风措施。受限空间存在残渣、自聚物等，在作业过程中可能散发可燃、有毒有害气体的作业，应进行连续检测，发现异常及时处理。

（5）在氧气、有毒有害气体、易燃易爆气体、粉尘浓度等可能发生变化的危险受限空间作业时，应保持必要的测定次数或现场配置便携式气体检测仪。

（6）采样人员进入或探入受限空间采样时应处于安全环境，检测时要做好监测记录，包括检测时间、地点、气体种类和检测浓度等。

（7）受限空间作业坚持"先检查，后进入"的原则，受限空间作业须安排专人检测监控记录并达到下列要求：

1）氧含量一般为 18%～21%，在富氧环境下不得大于 23.5%。

2）有毒气体（物质）浓度应符合《工作场所有害因素职业接触限值 第1部分：化学有害因素》GBZ2.1—2019规定的50ppm以下。

3）可燃性气体、爆炸性粉尘浓度值：当被测气体或其蒸气的爆炸下限大于等于4%时，其被测浓度不大于0.5%为合格（体积百分数）；当被测气体或蒸气的爆炸下限小于4%时，其被测浓度不大于0.2%为合格（体积百分数）。

4. 个体防护措施

受限空间经清洗或置换不能达到要求时，应采取相应的防护措施方可作业。

（1）在缺氧或有毒的受限空间作业时，应佩戴隔离式防护面具等，如佩戴长管面具时，一定要仔细检查其气密性，同时防止通气长管被挤压，吸气口应置于新鲜空气的上风口，并有专人监护，必要时作业人员应拴带救生绳，每次作业不超过40min。

（2）在易燃易爆的受限空间作业时，作业人员应穿防静电服装、工作鞋，使用防爆工具、防爆电筒或电压不大于 12V 的防爆安全型灯，绝缘良好。

（3）在有酸碱等腐蚀性介质的受限空间作业时，应穿戴好防酸碱工作服、工作鞋、手套等防护用品。

（4）在产生噪声的受限空间作业时，应佩戴耳塞或耳罩等防噪声护具。

（5）受限空间内发生窒息、中毒等事故时，救护人员必须佩戴隔离式防护面具进入受限空间内实施抢救，同时至少有 1 人在外部负责监护、联络、报告工作，严禁单人作业。

（6）如发现异常情况，不得在无保障措施的情况下盲目施救。

5. 照明及用电安全

（1）受限空间照明电压应小于等于 36V，在潮湿容器、金属容器、狭小容器内作业时电压应小于等于 12V。在易燃易爆的受限空间作业时，作业人员应使用防爆电筒或电压不大于 12V 的防爆安全型灯。

（2）使用超过安全电压的手持电动工具作业或进行电焊作业时，应配备漏电保护器。在潮湿容器中，作业人员应采取可靠的绝缘措施，同时保证金属容器接地可靠。

（3）临时用电应办理临时用电手续，应执行《临时用电作业安全许可管理制度》。

（4）在有放射源的受限空间作业，作业前要对放射源进行处理，作业人员应采取相应的个体防护措施，保证人员作业时接触剂量符合国家标准要求。

3.6 接口界面管理

3.6.1 设计与设备提资管理

固废处置类建筑工程，其主要是通过工业设备实现固体废弃物的资源化、减量化、无害化处理。设计单位除常规的机电工程设计外，其设计工作开展的前提都依赖于设备供货厂家提供的工艺设备技术规格书，在一定程度上，工艺设备技术规格书决定了土建类施工图纸的出图效率和施工难易程度。对设计与设备提资的工作内容进行管理和协调，一定程度上决定了项目的顺利进行和达成预期目标。

1. 工艺路线的选择

项目工艺路线的选择决定了项目设备种类、数量、规格。在设备提资阶段，强化项目初期工艺路线上关键设备、辅助设备、工艺流程的梳理，建立项目工艺设备管理台账，并注明设备使用的部位、梳理工艺路线上下游关系。

2. 设备提资的管理

由于工艺设备本身的复杂性及技术资料的保密性，设备提质管理在一定程度上仅能涉及为保证设备工艺实现所需要满足的其他条件内容及设备本身的一些常规参数，如设备几何尺寸、运行方式、动力电源、设备基础尺寸、设备固定方式、水电气供给量、设备所需建构筑空间、设备荷载及对设备上下游辅助设备的要求。因此，提资管理的重点在于对工艺路线上的相关设备协调性和匹配性及提资内容的系统性和完整性的管理。设备提资内容的质量，在一定程度上决定了设计、施工的高效率和工艺路线实现的有效性。

3. 设备提资的内容

（1）设备基本信息：包括设备名称、型号、生产厂家、规格、尺寸、重量、材质等基本信息。

（2）技术参数：包括设备的功率、转速、压力、温度、流量、精度、运输/处理的介质等技术参数。

（3）设备性能：包括设备的稳定性、可靠性、安全性、易用性、维护性等性能指标。

（4）设备提资的校核：设计单位根据工艺路线，对拟采购的设备进行提资校核，确保其性能满足工艺路线的实现和需要；同时核实上下游设备、系统整体的协调性和匹配性。

（5）设备提资计划的制定：在项目计划中，需要确定设备提资的时间节点和负责人，以便对设备采购、安装和调试等工作进行有效的管理。

3.6.2 设计与施工管理

固废处置工程施工主要内容包括：工艺设备安装、辅助用房施工、综合管网、常规机电工程等施工。设计与施工管理主要内容有深化设计管理、设备提资与土建设计匹配度管理、设计出图与施工协调管理、设计优化管理等工作。

（1）深化设计管理：固废处理工程除常规的建筑、结构及专业图纸外，还包含大量工艺图，其深化设计除常规的建筑、结构、机电、总平面等专业深化设计内容外，需要将大量工艺图与建筑、结构等各专业进行深化设计，例如工艺管线与结构预留预埋、工艺管线综合布置、工艺设备安装、工艺管线互联互通等进行二次深化。深化设计的实施，有助于提高现场实施的高效率，还能降低现场施工的出错率和满足精细化管理的需要。

（2）设备提资与土建设计匹配度管理：固废处置工程是一个大量工艺设备实施与土建施工高度融合的一类工程，处于同等重要的位置，在一定程度上，土建类施工主要是为了工艺设备安装和工艺路线实现而服务。设备提质与土建设计管理主要内容是将设备提质的技术规格书、工艺图与设计图纸各专业进行校核，避免各专业图纸与设备技术规格书、工艺图的不一致，提高设备技术规格书与设计蓝图的一致性。

（3）设计出图与施工协调管理：与单纯的施工总承包业主带施工图招标不同，固废协同处置类工程常规采用 EPC、PPP 合作模式。常规为中标后设计，中标即开工，开工无图纸的现实情况。因此设计出图的效率、出图顺序在一定程度上决定了各构筑物施工的顺序及施工工期。在此类项目管理中，加强设计与施工的协调管理对项目施工阶段的总体策划与部署、周转材料的投入及周转、施工顺序起到关键性作用。一般按照以关键工艺线路的实现为设计出图主线，即关键功能区的施工为主。

3.6.3 土建与设备安装管理

固废处理类工程涉及大量的工艺设备施工，其施工内容的重要性一定程度超过了土建类施工内容，因此在固废处理类工程中强化土建与设备安装管理显得十分重要。土建与设备安装主要管理内容包括设备前置安装管理和功能区移交管理。

（1）设备前置安装管理：各类工艺设备分布于建筑物各个功能区内，受设备几何尺寸或建（构）筑物结构形式及空间布局影响，结构及建筑施工完成后无法进入功能区。在部分结构施工前需将大型设备预安装在建（构）筑物内，确保设备安装进行前置。因此，在项目前期，需全面梳理并建立设备清单，确定需要前置安装的设备型号、数量、部分等基础信息，避免后期结构二次破坏。

（2）功能区移交管理：土建类施工内容是设备安装的前置条件，特别是精密仪器区，设备安装对功能区环境要求较高。为避免管理风险，在设备安装作业前需对各功能区的施工内容、完成情况、质量进行联合检查，在各单位确认无误后方可进行设备安装作业，并办理功能区的移交单。

4 常规施工技术

4.1 地基与基础

4.1.1 土方工程

固废类处理项目土方工程主要涉及储料池区域的深基坑开挖、桩承台基础、独立基础、设备基础、各类埋地式蓄水池等建（构）筑物施工期间的基坑或坑槽土方工程施工。

（1）桩承台基础、独立基础土方开挖

单桩承台基础、独立基础埋深较浅一般在1m左右，其开挖主要根据基础布置情况，通常有两种开挖方式，第一种采用逐个基础、地梁放坡开挖，第二种采用整体放坡大开挖。具体选择何种开挖方式，根据地质条件、设计特点、周围环境、工期要求、施工成本等确定。

因此单桩承台基础、独立基础土方开挖需根据施工难易程度、工期要求、成本要求及后期的质量风险，选择合适的开挖方式。

（2）桩筏基础、筏形基础土方开挖

储料池、各类水池等建筑物通常采用桩筏基础、筏形基础，埋深较深。因此桩筏基础、筏形基础首选放坡分层开挖。且在基坑开挖中还涉及坑中坑的土方开挖，因此垃圾池的开挖必须采用支护分层开挖。

4.1.2 基坑支护

固废处理类厂房需要进行基坑支护的主要区域为原料储存池、各类废水、尾液池，基坑大小一般根据设计固废日处理规模。支护方式通常根据结构埋深、地质情况，采取混凝土灌注桩支护、分级放坡、型钢支护等单一或组合式支护方式。固废处理类厂房除生活垃圾处理类固废厂房基坑深度及大小较大，其他类型的固废处理类项目基坑都较少，且基坑具备点多、面小的特点。

4.1.3 地基处理

固废类处理项目一般选址于市郊山坳或山间洼地，可能以前就是天然垃圾填埋场。因工程建设需要，需对山坳或山间洼地进行回填、场平。回填土通常土质松散，均匀性差，欠固结，强度变化较大，厚度较大，回填土层无法满足建筑物地基承载力要求及对建筑物地面带来不利影响。因此需对地基进行处理，提高地基的承载力，保证地基稳定，减少上部结构的沉降或不均匀沉降。

地基处理主要方式有回填法、强夯法和固化法。回填法主要用于建筑物面积小、地基承载力要求低，回填土层较厚的建筑，比如：管廊支架基础、门卫房及地磅基础、小型水池基础等。强夯法处理的地基通常不作为建筑物的持力层，而是为了避免建筑地面沉降，通常用于主厂房区域的地基处理。

4.1.4 桩基工程

选择桩型和施工工艺时，应对建筑物的特征、工程地质水文条件、施工机械设备、各种桩施工工艺适用特点、工程造价以及工期等进行综合性研究分析后，选择最经济、合理的桩型和施工工艺。桩基一般有混凝土灌注桩、预制管桩。

桩基首选锤击混凝土预制桩施工工艺，工程造价低，施工速度快，且不用考虑施工噪声对周边环境影响。

如果工程地质水文条件不允许，通常选择混凝土灌注桩，其施工工艺可采用旋挖成孔、冲击成孔的方式。

4.2 结构施工技术

固废类处理项目主体结构一般采用混凝土框架结构、钢结构或根据功能区的设置要求选择混凝土和钢结构组合的方式。

4.2.1 混凝土结构

4.2.1.1 模板体系

混凝土结构施工中模板体系一般采用 15mm 厚的木模板体系，次楞采用 50mm×100mm 的木方，主楞选用双拼 $\phi 48$ 的钢管或 50mm×50mm 的方筒。墙柱模板采用三段式对拉螺杆进行加固，尽量不要采用无止水环的对拉螺杆，避免后期出现渗漏情况。

在固废处理类项目中，结构施工模板体系最为复杂的为生活垃圾储存池及汽机岛区域，其具有结构壁厚、高度高、造型复杂、预留预埋多且精度要求高。因此在模板设计过程中，需要充分考虑垃圾池矩形薄壁结构模板加固及防模板位移措施。

4.2.1.2 支撑体系

固废处理类项目结构体具有尺寸大、结构变化大、层高高，因此设计大量高支模施工，且具有区域分散的特性，支撑体系可选用钢管扣件式模板支撑、盘口支撑体系。部分区域需在结构施工前进行就位，部分区域需采用型钢支架方可满足结构施工需要。支撑体系具体布置参数需根据结构进行受力分析和计算，确保支撑体系安全。

4.2.2 砌体结构

主体结构一般为框架结构，砌体结构，具有墙体高、门窗洞口尺寸大、房间开间大、砌体容易沉降开裂的特点。砌体结构施工前，提前进行砌体结构深化设计，绘制构造柱、圈梁的布置图及砌体的排板图。特别是大的门窗洞口过梁、构造柱，要求设计单独设计。砌筑必须控制每天砌筑高度不超过 1.8m 且顶砌时间间隔不小于 14d，避免墙体沉降不充分，造成墙体开裂。同时砌筑的墙体高，通常采用捯链进行砌体材料的垂直运输，运输过程避免与墙体碰撞。

4.2.3　钢结构

钢结构主要为四肢格构式钢柱及钢桁架，钢结构的特点是跨度大，重量重，起吊高度高。构件通常在加工厂组装成单榀后运至现场，在现场拼装成大分段后吊装。吊装使用履带式起重机，钢结构重点吊装为屋面桁架。

厂房内设备基础较多且部分基础设备需优先安装，设备安装后对吊车行走及拼装场地影响较大。屋面高度较大，屋面桁架安装为高空作业，最大程度减少高空焊接工作量，减少高空作业时间，保证施工安全。

综合分析，屋面桁架结构采用"地面拼装＋高空整跨吊装"法满足要求。屋面桁架吊装示意图如图 4.2-1 所示。

图 4.2-1　屋面桁架吊装示意图

4.3　建筑装饰装修

建筑装饰装修与常规住宅内容无明显差别，按照功能区域划分可分为功能区的简装修，办公区的精装修。

精装修施工内容一般为：地砖楼面、墙面干挂玻化砖、石膏板吊顶、成品隔断安装、背景墙施工、墙面饰面板施工、墙面贴砖。

简装修施工内容一般为：抹灰、无机涂料、耐酸砖楼面、耐酸砖墙裙、防静电架空楼地面、金刚砂耐磨地面、环氧防腐墙面、细石混凝土楼面、环氧自流平。

抹灰层、耐酸砖楼面、金刚砂耐磨地面、环氧自流平地为固废处理项目建造装饰施工的重难点，现对以上建筑做法的施工要点进行介绍：

4.3.1 抹灰层施工

厂区墙面面积大，为保证墙体不大面积开裂，施工要点如下：

（1）水泥砂浆使用前必须送检，合格后方可使用，不同品种、不同强度等级的水泥不得混用。

（2）抹灰基体表面应彻底清理干净，对于混凝土结构、蒸压加气块基体应进行毛化处理。

（3）抹灰前应将基体充分浇水均匀润透，防止基体浇水不透造成抹灰砂浆中的水分很快被基体吸收，造成质量问题。

（4）抹灰前基层处理（清理、拉毛）必须经验收合格，不同材料基体交接处表面的抹灰应在抹灰前满铺钢丝网，钢丝网与各基体的搭接宽度为150mm。

（5）应严格控制各抹灰层的厚度，防止一次抹灰过厚，造成干缩率增大，造成空鼓、开裂等问题。

（6）大面积抹灰时应设置分格缝（抹灰层完全断开），分格缝间距为3m×3m，缝宽10～20mm，抹灰完毕后应及时养护，养护时间为7d。

4.3.2 耐酸砖楼面

（1）气候条件：空气相对湿度要求不大于85%，基面温度要高于露点温度3℃。对于空气温度和相对湿度的测量，要在现场进行。

（2）在水泥砂浆、混凝土基层上用树脂胶泥铺块材时，基层的表面应均匀涂刷封底料。待固化后再进行块材铺砌。

（3）块材结合层厚度，灰缝宽度和灌缝或勾缝的尺寸。

（4）块材的铺砌，除应符合以上规定的要求外，尚应符合下列规定：

1）耐酸砖厚度不大于30mm的石材的铺砌，宜采用树脂胶泥揉挤法施工；平面上铺砌厚度大于30mm的石材，宜采用树脂砂浆铺砌、树脂胶泥灌缝施工。

2）结合层和灰缝的胶泥或砂浆应饱满密实，块材应防止滑移。

3）当铺砌块材时，应在胶泥或砂浆初凝前，将缝填满压实，灰缝的表面应平整光滑。

（5）树脂胶泥的灌缝与勾缝，应在铺砌砂浆块材用的胶泥，砂浆固化后进行，勾缝前，灰缝应清洁、干燥，勾缝时，宜分次进行，缝应填满密实，表面应平整光滑。

4.3.3 金刚砂耐磨地面

（1）混凝土基层浇筑和找平，首先将基层清理干净，不得有松散颗粒和垃圾，并浇水使基层湿润。

（2）混凝土浇筑初凝以后，施工人员需要对基层进行处理，采用抹光机圆盘面进行镘抹提浆，修复并平整基层。

（3）金刚砂骨料铺撒时需要在混凝土半干未干之时撒下，可以改变水泥的刚性，让地面更加地耐磨和提高承载性。墙、柱、门和钢模等边线处失水较快，应优先撒布施工，以防因失水而降低效果。

（4）第一次铺撒金刚砂的量应该为总量的2/3，均匀铺撒后再用水泥磨光机进行机械抹平，把金刚砂和混凝土结合均匀。

（5）第二次撒料就是把剩下总量的 1/3 均匀铺撒，用相同的方法铺撒完毕后用水泥磨光机进行机械抹平。

（6）细节处理以及养护：用钢抹子对面层进行有序、同向的人工压光，完成修饰工序，塑料薄膜覆盖整个地面，按时洒水，养护 1 周左右，即可正常使用。

（7）完工 7d 后宜做切割缝，防止不规则龟裂，切割缝间距不大于 6m，切割应统一弹线，以确保切割缝顺直整齐，切割深度为 20mm，宽度 2mm，填缝材料采用预先成型或切割的弹性树脂等材料，宜使用密封胶。

4.3.4　环氧自流平地面

（1）环氧自流平在施工前，一定要对施工基面进行处理，确保施工基面平整、清洁。

（2）环氧自流平的施工对于温度要求较为严格，一般施工温度最好要在 5℃ 以上，如果施工温度在 5℃ 以下时，必须采取有效的保温措施或者选择使用特殊处理的环氧地坪漆。

（3）环氧漆在调制时，要严格避免其他漆类的混入，且各类混合成分的配合比一定要严格，否则会影响环氧漆的性能，最终影响到环氧自流平地坪的各方面的性能特点。

（4）施工后要确保施工场所的空气流通，而且要做好保养工作。必要时采取一定的措施，以避免灰尘或者杂物侵入漆面，影响地坪的美观。

（5）环氧自流平地坪施工后，不可立即投入使用，需要一定的养护时间，一般情况下，养护时间最少在一周左右，以 10d 为最佳。

4.4　给水排水

场区建筑给水排水系统与常规建筑的给水排水类似，主要包含生活给水排水、场区雨污水、消防给水、工业给水排水系统，其施工工艺及技术要求基本一致。

在工业给水排水施工时，需严格按照工艺图纸设置设备给水排水接口，确保设备供排水正常。

4.5　通风与空调

固废处理厂房主要的通风方式为自然通风、机械通风，其中，自然通风为通过建筑窗进行通风，机械通风主要通过管道风机排风及轴流风机排风。

4.5.1　机械通风施工技术

（1）设计方案：根据建筑物的用途和结构特点，确定机械通风的类型、数量和布局方案等，制定详细的施工设计方案。

（2）安装管道：按照设计方案，在建筑物内部或外部安装通风管道，连接风机和出风口或进风口，确保通风管道的密封性和稳定性。

（3）安装风机：根据设计方案，选择适合的风机类型和规格，安装在通风管道上，并进行电气连接。

（4）安装控制系统：安装控制面板和阀门等设备，与风机进行连接，实现机械通风的自动控制。

（5）调试和检测：进行机械通风系统的调试和检测，包括检查通风管道和风机的密封性、风量和压力等指标是否符合设计要求，调整控制系统的参数，确保通风系统的正常运行。

4.5.2　风机安装技术

（1）安装前的准备：确认风机的安装位置和方向，测量管道尺寸，准备好所需的工具和材料。

（2）安装支架：根据风机的重量和尺寸，选择合适的支架，将支架固定在安装位置上，并确保风机和管道之间的密封性。保证支架的平稳和牢固。

（3）安装风机：将风机放置在支架上，并与管道相连。连接时应注意风机方向和管道连接方向。

（4）连接电源：连接风机的电源，并进行电气测试，确保风机的电气系统正常运行。

（5）检查和调试：检查风机的旋转方向和转速，使用压力计测试管道的压力和风量，调整风机的转速和风量，确保风机的运行效率和安全性。

4.5.3　风冷式智能多联中央空调安装技术

（1）室内机安装

1）室内机位置应充分考虑安装空间的高度，室内气流组织问题，吊顶内空调机的安装空间确定，空调与室内机吊顶造型与灯具等的协调，要求室内机安装水平。

2）支架安装

① 首先根据设计要求确定始、末端固定支架的位置。

② 再根据管道的设计标高，把统一水平线上的支架位置画在墙上或柱上，根据两点的距离和斜度大小，算出两点间的高度差，标在始、末端支架位置上。

③ 在两高差点拉一根直线，按照支架的间距在墙上或柱上标出每个支架的安装位置。

④ 支架材料：25mm×4mm 的镀锌扁铁或 30mm×3mm 角钢。

（2）冷媒配管施工

1）冷媒管的封盖：冷媒管的包扎十分重要，防止水、污物或灰尘进入管内。每根管的末端必须包扎封盖，扎进是最有效的方法。

2）冷媒管吹洗：使用干净的干燥氮气或压缩空气将管道内的清洗剂和杂质冲洗出来，确保管道内干净、无杂质。

3）冷媒管钎焊

① 准备工作：在进行钎焊前，需要将冷媒管和管件进行清洗和防腐处理，确保管道干净无杂质。同时，还需要将管道和管件进行预热，以减少焊接过程中的热影响区。

② 定位和夹紧：将冷媒管和管件进行定位和夹紧，确保焊接位置正确和稳定。

③ 点火预热：点火预热钎焊嘴，使其达到适当的温度。

④ 焊接冷媒管：使用钎焊机将钎焊棒加热至熔点，然后将钎焊棒放置在冷媒管和管件的焊接位置，使其熔化并流入管道中，完成冷媒管和管件的连接。

⑤ 焊接完毕：在冷媒管和管件的焊接处逐渐降温，避免焊接过程中产生的热应力损伤管道和管件。

⑥ 检查和测试：检查焊接质量和管道的密封性，然后进行压力测试，以确保冷媒管的安装和连接质量。

4）冷凝水管安装

冷凝管道采用排水塑料管。

5）保温施工

钎焊区、扩口处或凸缘处只有在气密试验成功后才能施工，保温施工绝对禁止绝热层有空隙现象，保温套管连接处一定要用胶水和胶带捆扎好。所有冷媒（凝）管按照要求用扎带包好。

6）室外机安装

① 室外机安装前，所有设备的规格、型号、技术参数应符合设计要求和产品性能指标。同时表面无损伤、密封良好，随机文件和配件齐全。

② 室外机的开箱检验，校对规格型号是否符合设计要求，确认主体、零部件有无缺损和锈蚀，检查情况并填写设备开箱检验记录。

③ 检查基础的强度和水平度，避免产生噪声和振动；空调室外机设弹簧减振台座减震。外机与支架之间加 10mm 厚的减振胶垫，地脚螺栓与预埋件的连接应牢固。

7）管道吹洗

气体吹洗的目的：取出焊接时在铜管内形成的氧化膜和去除封口不良在管道内形成的杂质和水分。

8）气密性试验

作业顺序：冷媒配管完工→加压→检查压力是否下降→检查漏口及修补→合格。

① 试验顺序：第一阶段：0.5MPa 加压 5min 以上，有可能发现大漏口；第二阶段：1.5MPa 加压 5min 以上；第三阶段：3.8MPa 以上加压 5min 以上，并保压 24h，有可能发现微小漏口。

② 注意事项：一定要使用氮气进行压力试验，严禁使用氧气进行打压。尽量在施工过程中进行分段打压检漏工作，以提高工作效率。防止氮气流入室外机，在检漏完毕后，系统减压至 2.8MPa 保压，以待调试、观察压力是否下降若无压力下降，即属合格。

9）真空干燥

利用真空泵将管道内水分排出，而使管内得以干燥。

4.6 智能建筑

厂智能建筑主要包括火灾自动报警系统、消防水炮控制系统及可燃/危害气体检测报警系统。

4.6.1 火灾自动报警系统安装技术

（1）布线

火灾自动报警系统的布线，应符合现行国家标准《电气装置工程施工及验收规范》ZBBZH/GJ9 的规定。对导线的种类、电压等级进行检查。在管内或线槽内的穿线，应在建筑抹灰及地面工程结束后进行。在穿线前，应将管内或线槽内的积水及杂物清除干净。不同系统、不同电压等级、不同类别的线路，不应在同一管内或线槽的同一槽孔内。导线在管内或线槽内，不应有接头或扭结。导线的接头应在接线盒内焊接或用端子连接。敷设在多尘或潮湿场所管路的管口和管子连接处，均应做密封处理。

（2）火灾探测器安装

① 典型火灾探测器的安装位置，应符合下列规定：

探测器至墙壁、梁边的水平距离，不应小于 0.5m。探测器周围 0.5m 不应有遮挡物。探测器至空调送风口边的水平距离，不应小于 1.5m；至多孔送风顶棚孔门的水平距离，不应小于 0.5m。在宽度小于 3m 的内走温探测器的安装间距，不应超过 10m；感烟探测器的安装间距，不应超过 15m。吊顶上设置探测器时，宜居中布置。探测器距端墙的距离，不应大于探测器安装间距的一半。探测器宜水平安装，当必须倾斜安装时，倾斜度不应大于 45°。

② 探测器的底座固定

探测器的底座应固定牢靠，其导线连接必须可靠压接或焊接。当采用焊接时，不得使用带腐蚀性的助焊剂。

（3）手动火灾报警按钮的安装

手动火灾报警按钮，应安装在墙上距地（楼）面高度 1.5m 处。手动火灾报警按钮，应安装牢固，并不得倾斜。手动火灾报警按钮的外接导线，应留有不小于 10cm 的余量，且在其端部应有明显的标志。

（4）火灾报警控制器的安装

火灾报警控制器（以下简称控制器）在墙上安装时，其底边距地（楼）面高度不应小于 1.5m；落地安装时，其底宜高出地坪 0.1~0.2m。控制器应安装牢固，不得倾斜。安装在轻质墙上时，应采取加固措施。控制器的主电源引入线，应直接与消防电源连接，严禁使用电源插头。主电源应有明显标志。控制器的接地，应牢固并有明显标志。引入控制器的电缆或导线，应符合下列要求：配线应整齐，避免交叉，并应固定牢靠；电缆芯线和所配导线的端部，均应标明编号，并与图纸一致，字迹清晰不易褪色；端子板的每个接线端，接线不得超过 2 根；电缆芯和导线应留有不小于 20cm 的余量；导线应绑扎成束；导线引入线穿线后，在进线管处应封堵。

（5）消防控制设备的安装

消防控制设备在安装前，应进行功能检查，不合格者，不得安装。消防控制设备的外接导线，当采用金属软管作套管时，其长度不大于 2m，且应采用管卡固定，其固定间距不应大于 0.5m。金属软管与消防控制设备的接线盒（箱），应采用锁母固定，并应根据配管规定接地。消防控制设备外接导线的端部应有明显标志。消防控制设备盘（柜）内不同电压等级、不同电流类别的端子，应分开，并有明显标志。

（6）系统的调试

火灾自动报警系统的调试，应在建筑内部装修和系统施工结束后进行。调试负责人必须由有资格的专业技术人员担任，所有参加调试人员应职责明确，并应按照调试程序工作。调试前应按设计要求查验设备的规格、型号、数量、备品、备件等。火灾自动报警系统调试，应先分别对探测器、区域报警控制器、集中报警控制器、火灾报警装置和消防控制设备等逐个进行单机通电检查，正常后方可进行系统调试。火灾自动报警系统通电后，应按《火灾报警控制器》GB 4717—2005 的有关要求对报警控制器进行下列功能检查：火灾报警自动检查功能；消音、复位功能；故障报警功能；火灾优先功能；报警记忆功能；电源自动转换和备用电源的自动充电功能；备用电源的欠压和过压报警功能。

4.6.2 消防水炮控制系统安装技术

（1）消防水炮控制系统安装

1）消防水炮安装之前，系统管网应启动以测试管路压力，并对管路进行冲洗。

2）整个系统的线路铺设正确，每一个水炮位置、电控箱、现场操作盘、消防水炮控制主机需要的电源线，视频线，信号线铺设完毕。

3）将水炮吊装到独立管下端，法兰对接固定，法兰端面需用水平仪调成水平。

4）对接各个消防水炮系统组件对应的视频线，信号线，电源线，调整线束长度，确保消防水炮转动时不受限制。

5）每台消防水炮接线安装完毕后，即可接通电源，启动消防水炮控制主机，进行通电测试，测试各个组件是否能正常运行。

6）启动整个系统联动测试，进行消防水炮喷水灭火试验，如系统正常运作，既安装完毕，如有问题，查找问题所在，进行修正调整。

（2）在安装过程中需要注意的事项有

1）消防水炮安装支架必须稳固，安装支架需要防振防晃动，消防水炮在转动和喷水的时候不能晃动。

2）要严格执行国标规范，以方便后期通过消防验收。

3）在安装调试过程中消防水炮如果做出错误动作，应及时按下现场操作盘的急停按钮，切断电源，并查找原因。

4）在安装调试现场，避免有强电磁场辐射，以及电气焊或者明火作业，如不可避免，应将消防水炮系统切换至手动状态，并进行参数调整。

5）吊装消防水炮时，应妥善保护消防水炮炮头传感器，防止传感器受损失灵。

6）消防水炮的线束在安装后要整理整齐，并留有一定的余量，方便消防水炮转动探测，线束在消防水炮转动的时候不能产生摩擦现象。

7）消防水炮系统安装建议由相应安装经验的消防安装公司或厂家安装人员进行，安装后调试由厂家专业技术人员进行调试，如果不熟悉消防水炮相关组件功能和注意事项，贸然安装，很容易造成消防水炮系统组件在安装过程中受损，影响整个系统，导致安装过程延长时间。在安装过程中如果遇到其他问题，应及时和厂家技术人员进行沟通，在厂家技术员指导下进行消防水炮系统安装。

4.6.3 可燃气体检测报警系统安装技术

（1）根据可燃气体报警器系统设计方案进行、固定可燃气体探测器、连同电源线和气体探测器。

（2）固定气体报警控制器主机，并根据系统设计方案连接距离近的可燃气体探测器，连通之后进行通电测试，看气体报警控制器主机显示屏上每个可燃气体探测器是否正确连通，确认后，进行测试。

5 生活垃圾焚烧发电施工技术

生活垃圾焚烧发电厂主要由主厂房、烟囱、工业水、消防水池、综合水泵房、冷却塔、飞灰暂存间、净水站等建（构）筑物组成。

主厂房是垃圾焚烧厂的核心生产厂房，由卸料大厅及辅助设施、垃圾池、焚烧车间、烟气净化间、汽机除氧间等组成。卸料大厅及辅助设施包括上料坡道、卸料平台、化水车间、化验室、备品间、空压机站、机修间等。垃圾池主要由垃圾池、上料栈桥及垃圾调控室组成。焚烧车间由锅炉车间、各层锅炉平台、除臭装置间、渣坑、备用间等组成。烟气净化间由烟气净化间和活性炭间、飞灰库、石灰浆制备车间组成，汽机除氧间由汽机间和除氧间组成。主控楼由门厅，中央控制室、电子设备间、低压配电室、电缆夹层、办公区、多功能厅、环保展示厅等部分组成。

5.1 垃圾池结构施工

垃圾池是垃圾焚烧发电厂的燃料堆场，是接收、发酵、储存生活垃圾的场所。垃圾发酵、储存过程中，产生大量刺鼻气体和腐蚀性较强的渗滤液，气体和渗滤液的泄漏，可能造成重大环境事故。因此，垃圾池结构施工是整个垃圾焚烧发电厂施工质量控制的重点。

（1）垃圾池池壁厚，高度高，池壁上部混凝土浇筑困难。采用混凝土汽车泵浇筑池壁上部结构的混凝土，因池壁过高汽车泵泵臂覆盖面积小，需多次移动泵车，造成混凝土浇筑、停歇时间长，池壁混凝土易形成冷缝。采用汽车拖泵，泵管沿着池壁上口布置浇筑混凝土，但泵管接、拆工程量大，混凝土浇筑时间也很长，易形成冷缝。

（2）垃圾池池壁面积大、高度高，需分多次施工，形成多道施工缝。施工缝作为结构的薄弱环节，池壁渗漏风险大。

（3）垃圾池池壁模板由众多块木模板拼接而成，模板刚度不足或加固不到位，混凝土浇筑过程中产生的侧压力对模板进行冲击，造成模板拼缝处漏浆或错台，为后期防水、防腐施工的基层处理增加施工难度。

针对垃圾池的施工难点，结合以往施工经验，总结出以下应对措施：

（1）垃圾池上部结构混凝土浇筑困难，尽量采用混凝土汽车泵浇筑方式。混凝土汽车泵相对于汽车拖泵施工效率高、速度快，可以有效避免混凝土浇筑时间过长而形成冷缝。为解决池壁过高汽车泵泵臂覆盖面积小的问题，可选择长臂混凝土汽车泵，同时采取在垃圾池池壁开孔，孔洞四周安装止水钢板，汽车泵开入垃圾池内部浇筑混凝土，增加汽车泵泵臂覆盖面积，可以减少混凝土浇筑、停歇时间，减少冷缝形成风险。垃圾池浇筑示意图如图 5.1-1 所示。

（2）垃圾池施工缝作为混凝土结构施工的薄弱环节，是施工质量的控制重点。熟悉图纸，合理划分施工缝，尽量减少浇筑次数，减少施工缝渗漏风险。同时控制好施工缝的施工质量，特别是止水钢板的焊接质量和施工缝处混凝土凿毛。

（3）针对池壁混凝土的漏浆、错台，提前进行策划，编制相关施工方案。模板首选清水混凝土模板，背楞选择钢管代替木方，增加背楞刚度，止水螺杆选择三节式。严格控制池壁模板的垂直度和平整度，混凝土振捣时尽量避免碰撞模板。

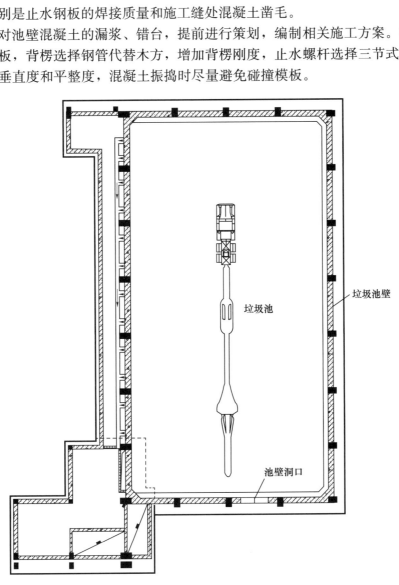

图 5.1-1 垃圾池浇筑示意图

5.2 防水防腐施工技术

垃圾具有一定的腐蚀性，且长时间堆放、储存会产生大量渗滤液。因此垃圾池的防水防腐设计及施工，是整个建设工程的控制重点。例如生活垃圾焚烧发电厂垃圾池，防水防腐设计底板采用 1.5mm 厚聚氨酯防水涂层＋1mm 厚（进口）水泥基渗透结晶涂层＋80mm 厚 C40 合成纤维防水混凝土；侧壁采用 1mm 厚（进口）水泥基渗透结晶涂层＋2 道高耐磨环氧玻璃鳞片（200μm 厚）。

5.2.1 施工现场准备

（1）垃圾坑内所有脚手架须拆除，清理干净垃圾仓内所有杂物，方可入场施工。

（2）混凝土基层平整、牢固，应清除油渍、隔离剂、浮浆、浮灰、起砂、污渍等缺陷和杂物。

（3）光滑的混凝土面应打毛处理，并用高压水冲洗干净。

（4）基层的蜂窝、麻面等缺陷，将不密实的混凝土凿除；大于 0.4mm 的贯穿裂缝，先剔凿成 10mm×20mm U 形槽，再用高压水枪清理混凝土面，经过清洗的混凝土面不得留有有机物、悬浮物和残渣等杂物。

（5）螺栓孔部位，先清除垫块。钢筋头必须割除，割除后钢筋头应至少低于结构表面层 20mm，将孔洞内清除干净，然后用防水砂浆补平。

（6）后浇带结构混凝土两侧施工缝缺陷部位应剔凿成 10mm×20mm U 形槽。

（7）所有混凝土剔除部位需要用防水砂浆修补：先将基面润湿后涂刷一遍防水砂浆，再用水泥砂浆填充补强，填料要挤压密实，使材料与基面紧密粘结；再涂刷一遍防水砂浆后，用相同填料进行二次填充，根据深度分多次填充，每次填充厚度不大于 10mm。结构裂缝处理示意图见图 5.2-1。

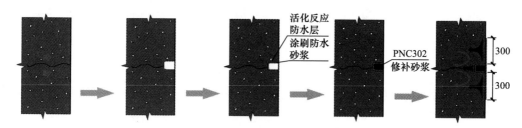

图 5.2-1　结构裂缝处理示意图

5.2.2 工艺流程

（1）防水施工流程

基层处理→螺栓孔、裂缝修补→制浆→涂刷（刮抹）浆料→养护

（2）防腐施工流程

清理表面→施工材料调配（底漆、胶泥、面漆）→涂刷底漆→玻璃鳞片胶泥施工→涂刷面漆

5.2.3 关键技术及控制要点

5.2.3.1 泥基渗透结晶型防水涂料关键技术

1. 检查基层

如施工准备所述，基层要求坚实、毛糙，无油污、无灰浆、无杂物等，检查混凝土表面平整、起砂、裂缝等状况。

2. 制浆

（1）水泥基渗透结晶型防水涂料与洁净水调和，渗透结晶配合比（体积比）见表 5.2-1。

渗透结晶配合比（体积比） 表 5.2-1

浆料	配合比
涂刷（粉料∶水）	5∶3
刮抹（粉料∶水）	5∶2

（2）调制：将计量准确的粉料和水倒入容器内，用手持电动搅拌器充分搅拌 3～5min，达到料浆混合均匀。每次应按需配料，不宜过多。按一次使用 30min 内用完为准，严禁使用中再加水。

3. 涂刷（刮抹）浆料

（1）防水涂料按设计要求涂膜厚度为 1mm，用料控制应不小于 $1.5kg/m^2$。

（2）涂刷施工作用于地面，分两遍进行，每遍要交替改变涂刷方向，用专用的半硬尼龙刷涂刷，涂刷时要反复用力，确保涂刷均匀，厚度一致；待第一遍涂层不粘手时，即刻进行第二遍涂刷。

（3）刮抹施工作用于墙体，分两遍进行，第一遍用抹子将稠浆刮抹至基面上，刮抹时要反复用力，确保涂层均匀，厚度一致。

（4）阳角与凸处部位涂覆均匀，阴角与凹处部位不得涂刷过厚，否会造成局部涂层开裂。

4. 养护

防水施工完成 24h 后，开始喷洒雾状的清水养护，一般每天喷水 3 次，养护 3～5d。

5. 水泥基渗透结晶型防水涂料控制要点

（1）混凝土基层进行清理，螺栓孔、裂缝进行修补。

（2）清洗润湿基层和拌料用水使用洁净清水。

（3）如果浆料在使用中出现假凝现象，再次搅拌即可，禁止再次加水。

（4）5℃以下禁止进行涂刷施工。

5.2.3.2 高耐磨环氧玻璃鳞片施工关键技术

1. 清理表面

用铲刀将防水涂料上的灰皮除掉，用扫帚将灰层扫干净。

2. 施工材料调配

（1）底层涂料调配

底层涂料严格按照说明书，按 AB 双组分比例进行混合调配，把 B 组分按比例倒入 A 组分中，用搅拌器搅拌均匀，熟化 20min（20℃时）后在运用期内用完。

（2）鳞片涂料调配

取鳞片涂料 A 组分 100 份，加入规定量的固化剂和颜料，经真空搅拌机搅拌均匀，均匀的标志为混合料颜色一致，每次混合料量为 10kg，工料配制符合工艺规定。

3. 玻璃鳞片施工

（1）将调制好的混合料铲到木质托板上，用金属抹刀尽可能均匀地将其涂敷到待衬表面上。调好的混合料尽量减少在容器及工具上的翻动。

（2）用金属抹刀进行衬里，要沿基面一个固定点，循序渐进地进行整体侧壁、顶板施工。再次涂抹的端部界面应避免对接，必须采取搭接方式。搭接处理方式见图 5.2-2。

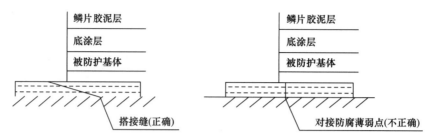

图 5.2-2 搭接处理方式

（3）用辊筒蘸取少量苯乙烯轻轻滚压涂上的鳞片，调整表面。

4. 保养和维护

（1）涂层施工后至能使用的这段时间称为保养期，保养期涂层固化完全，一般夏天应放 5d 以上，冬天应 10d 以上。

（2）若提前使用，则可用加温的办法加速其涂层固化过程，可在 60℃ 固化 4h，在 80℃ 固化 2h。

5. 高耐磨环氧玻璃鳞片施工控制要点

（1）用铲刀将水泥基渗透结晶型防水涂料上的灰皮除掉，用扫帚将灰层扫净。

（2）特别注意对于某些边角、沟槽等狭小区域的施工，不留死角、漏点。

（3）第一层、第二层鳞片充分硬化后进行中间检查，检查防腐层厚度，外观有无鼓泡、伤痕、流挂、凹凸、硬化不良等缺陷。

5.2.3.3 质量标准

（1）水泥基渗透结晶型防水涂料施工质量标准见表 5.2-2。

水泥基渗透结晶型防水涂料施工质量标准　　　　表 5.2-2

类别		验收项目	检验方法
主控项目	1	涂料防水层所用的材料及配合比必须符合设计要求	检查产品合格证、产品性能检测报告、计量措施和材料进场检验报告
	2	涂料防水层的平均厚度应符合设计要求，最小厚度不得低于设计厚度的 90%	用针测法检查
	3	涂料防水层在转角处、变形缝、施工缝、穿墙管等部位做法必须符合设计要求	观察检查和检查隐蔽工程验收记录
一般项目	1	涂料防水层应与基层粘结牢固、涂刷均匀，不得流淌、鼓泡、露槎	观察检查
	2	涂层间夹铺胎体增强材料时，应使防水涂料浸透胎体覆盖完全，不得有胎体外露现象	观察检查
	3	侧墙涂料防水层的保护层与防水层应结合紧密，保护层厚度应符合设计要求	观察检查

（2）环氧玻璃鳞片施工质量标准见表 5.2-3。

环氧玻璃鳞片施工质量标准 表 5.2-3

类别		验收项目	检验方法
主控项目	1	涂料的品种、规格、性能，必须符合设计要求和现行有关标准规定	检查产品合格证、产品性能检测报告、计量措施和材料进场检验报告
	2	涂料的配合比必须符合设计要求和现行有关标准规定	观察检查
	3	基层表面处理必须符合现行有关标准规定	观察检查和检查隐蔽工程验收记录
	4	涂料的厚度及遍数必须符合设计要求	用针测法检查
	5	涂料的外观质量应喷刷均匀、颜色一致，不应有漏涂、露底、脱皮等缺陷	观察检查

5.2.3.4 安全技术措施

（1）防水、保温施工所有的材料均属易燃物，贮存、运输过程必须严禁烟火，在现场施工时，设专人看护，发现火情，立即报警。现场喷灯，专人使用，不能随意点火。现场必须配备相应的消防器材。

（2）施工人员必须穿软底鞋，不得穿硬底鞋或带钉子的鞋进入施工现场，并应配备相应的保护用品，戴好安全帽。

（3）所有洞口临边防护按安全交底执行。

（4）施工人员必须戴好安全带及安全帽。

（5）施工机械安全管理：施工升降机的地基安装和使用要符合使用规定，并有验收手续，经检验合格后，方可使用，使用中，定期进行检测。升降机安全装置必须齐全、灵敏、可靠，执行额定重量人员。

（6）临时用电安全防护管理：临时用电必须按规范的要求，依据施工组织设计及临时用电方案执行，建立必要的档案资料。

（7）消防安全管理措施：严格工地使用明火审批手续，需要运用明火的当天可提出申请。

（8）操作人员在施工时应佩戴口罩、手套，防止有害气体的吸入。

（9）在施工过程中，做好人工通风工作，防止发生中毒事故。

（10）安全员在施工现场巡回检查，如发现火情、中毒等意外事件，及时处理。

（11）雨、雾、大气湿度过大及六级以上大风天气不宜施工。

（12）施工现场配备消防设备。

（13）施工现场应清除易燃物及易燃材料，消防道路应保证畅通。

（14）施工使用的易燃物及易燃材料应存放于指定地点，并有防护措施及专人看管。

5.3 滑模施工技术

发电厂烟囱为方形混凝土筒体结构，结构尺寸为 9.4m×8m×105.3m。−0.3～13m 剪力墙壁厚 400mm；13～25m 剪力墙壁厚 350mm；25～49m 剪力墙壁厚 300mm；49～105m 剪力墙壁厚 250mm。

5.3.1 施工准备

1. 技术准备

技术准备是施工准备的核心，由于任何技术的差错或隐患都可能引起人身安全和质量事故，造成生命财产和经济的巨大损失。因此必须认真地做好技术准备工作。

（1）收集与本项目滑模施工有关的施工规范和技术规定。

（2）应以设计单位、勘察单位提供且经相关部门审批完成的设计勘察资料为方案编制依据。

（3）烟囱滑模施工根据建设单位提供的施工图测量放线，整套滑模系统组装完毕后经报监理工程师审验合格后方可进行滑模施工。

（4）根据施工图编制施工预算，确定项目工程量，以便进行物资（机械）准备工作。

（5）技术人员的具体组织安排，根据工程的施工特点及施工实际情况，合理组织技术人员进行有效的分工合作，对工程进行有效的施工管理。

（6）会同甲方、监理单位搞好现场的交接工作，施工测量及有关资料的移交，施工控制点及水准点标高的移交。

（7）编制安全专项施工方案：针对工程特点、结构形式、工期要求、制定出主要施工方法、施工工艺及技术措施、安全保证措施、施工进度计划等，以充分发挥其指导施工的作用。

（8）安全教育：对新上岗的人员，必须进行三级安全教育。即：公司安全负责人负责第一级的法律、法规、规章、标准、安全生产常识以及公司制定的各项安全管理制度和本行业的特点等的教育，项目部专职安全员对其进行第二级的安全教育，包括项目部的安全管理制度、工地的安全注意事项以及安全技术要求。第三级的安全教育由班组负责人进行，包括本工程的特点及注意事项、本工程的安全操作规程。新上岗人员接受教育时间不少于3d。

（9）安全培训记录：项目部对安全培训教育必须进行记录，要建立项目部安全培训记录并存档，对所有管理及施工人员实行跟踪管理，没有接受安全培训教育的职工，不得在施工现场从事作业或者管理工作。

（10）安全技术交底：在工程开工前，工程技术负责人对基础班组人员、施工管理人员进行安全技术交底，让其了解施工过程中的安全注意事项、存在的安全风险、如何保证安全作业。

（11）施工过程中，项目部以项目总工领导的技术部门及相关部门对出现施工技术问题进行解决，并与设计、地勘保持良好联系，随时进行技术咨询或现场技术指导。

2. 现场准备

（1）做好施工用的卷扬机、高压水泵、施工平台上的提升系统、操作系统、电气系统及通信系统准备工作。

（2）做好施工现场的清理、平整工作；水、电及通信接通。

（3）做好施工场地临建的布置及准备工作。

（4）施工前对所有施工机械进行检修，确保机械工况良好。

5.3.2 施工流程

滑模施工流程图见图 5.3-1。

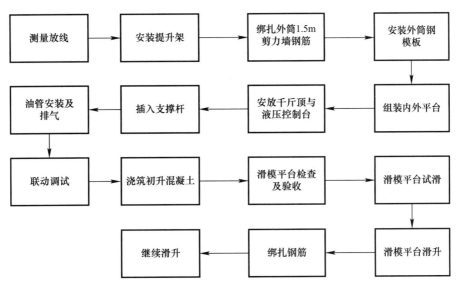

图 5.3-1 滑模施工流程图

5.3.3 关键技术及控制要点

1. 液压提升系统

液压提升系统包括：液压控制台、液压千斤顶、支撑杆、油路、提升架。

（1）液压控制台：采用 YKT—56 型液压控制台 1 台，油压机试验压力为 15MPa，施工中油压控制在 8MPa 正常压力升高滑动模板。液压控制台必须专人专用，严禁其他人员操作。

（2）液压千斤顶：使用 GYD-60 型滚珠式千斤顶（俗称 6t 大顶），它是一种穿心式单作用爬升式千斤顶，爬升时只能上升，不能下降。液压千斤顶示意图如图 5.3-2 所示。

（3）支撑杆：又称提升杆，一端穿过千斤顶，另一端埋在混凝土内。支撑杆为 $\phi48.3\times3.5mm$ 焊接钢管，管径及壁厚允许偏差均为 $-0.2\sim+0.5mm$（计算采用 $\phi48\times3.0mm$），长度为 3m 与 6m，为使结构在同一截面上接头数量不超过 50%，第一节支撑杆应用 2 种不同长度（3m、6m）支撑杆连接。按长度变化

图 5.3-2 液压千斤顶示意图

顺序排列，使接头互相错开，以后则采用同等长度的支撑杆连接。支撑杆连接时采用焊接加衬管连接，支撑杆连接处打坡口满焊后磨平，焊接后用电动砂轮磨光机磨平。支撑杆、千斤顶节点做法如图 5.3-3、图 5.3-4 所示。

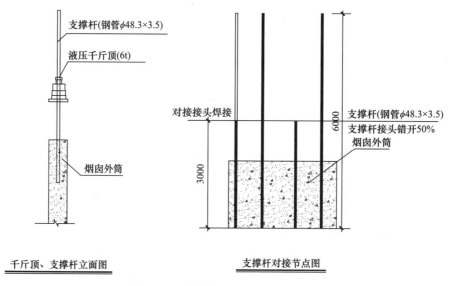

图 5.3-3　支撑杆、千斤顶节点做法

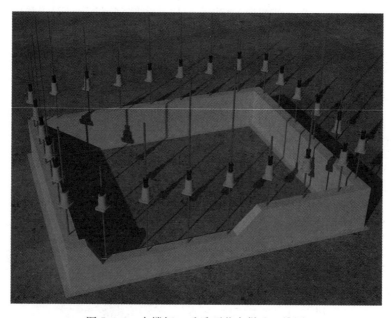

图 5.3-4　支撑杆、千斤顶节点做法三维图

（4）油路：使用 φ16、φ8 钢丝编织高压软管与各种分油器组成并联平行分支式液压油路系统，布置油管时尽可能使油路长短相近保证供油速度的同时在每个千斤顶上安装针型阀，以控制进油，油路通过分油器连接。分油器分大三通分油器和小六通分油器两种。千斤顶油路控制三维图如图 5.3-5 所示。

（5）提升架是模板支撑体系的一部分，其作用是防止模板的侧向变形，在滑升过程中将全部垂直荷载传递给千斤顶，通过千斤顶将荷载传递给支撑杆，同时将模板系统和操作平台系统连成一体。提升架立柱用 12 号工字钢，单根长 3000mm，上横梁选用一根 10 号槽钢，立柱与上横梁采用 M16 螺栓连接、下横梁为双拼 10 号槽钢，立柱与槽钢间用 4 根

$\phi16\times80$mm 螺栓连接，在工字钢端头采用钢板绑焊的方式，然后在钢板打孔进行安装，拼装好的提升架、立柱间宽为 1100mm。提升架采用 40mm×60mm×3mm 方钢（计算采用 40mm×60mm×2.75mm）焊接而成，焊缝饱满，焊条采用 E43 系列焊条，安装时要保证其垂直度、水平度。提升架平面布置图、立面图、立面三维图、提升系统三维图如图 5.3-6～图 5.3-9 所示。

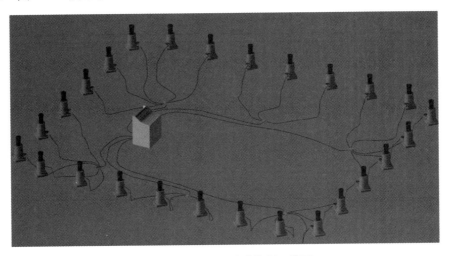

图 5.3-5　千斤顶油路控制三维图

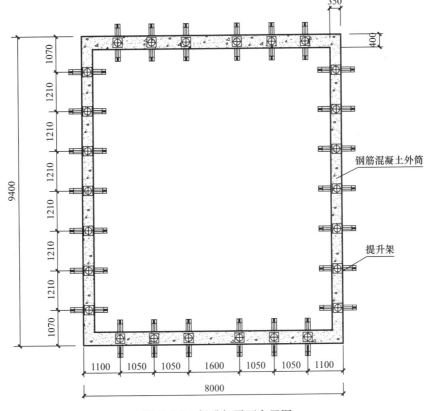

图 5.3-6　提升架平面布置图

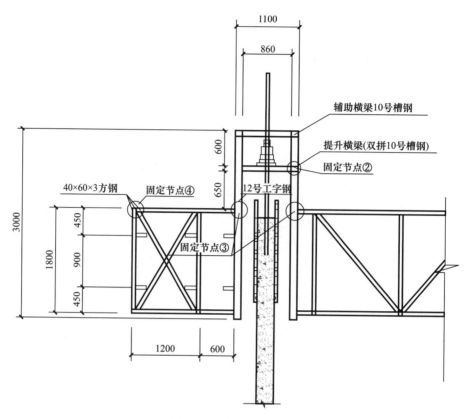

图 5.3-7　提升架立面图

图 5.3-8　提升架立面三维图

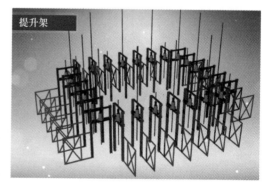

图 5.3-9　提升系统三维图

2. 模板系统

高度为 1750mm 厚度为 3.5mm 的普通定型钢模板，宽度以 1250mm 为主，并辅以 150mm、400mm、325mm、900mm 等尺寸进行补充及调整，要求拼缝严密，表面平整，在模板上端第一孔、下端第二孔分别设 8 号槽钢模板围圈。模板采用 M12 螺栓固定于围圈上，用于保证构件截面尺寸及结构的几何形状，相邻的模板用 $\phi12$ 的螺栓连接，围圈与调节钢管、提升架腿用顶托、螺栓连接。模板随着提升架上滑且直接与新浇筑的混凝土接触，承受新浇筑混凝土的侧压力和模板滑动时的摩阻力。模板安装时先安装角部位的模板，然后安装角与角之间的模板。模板加固立面图如图 5.3-10 所示，模板加固三维图如图 5.3-11 所示。

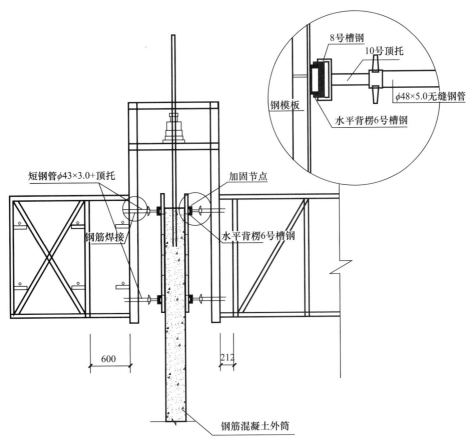

图 5.3-10　模板加固立面图

3. 内外操作平台系统

操作平台系统分为内外操作平台，内外操作平台系统三维图如图 5.3-12 所示。

外平台外部尺寸为 13.4m×12m，外平台宽 2.0m 用于绑扎钢筋、浇筑混凝土；内平台为普适型全钢结构内架，用于绑扎钢筋、浇筑混凝土。操作平台剖面图如图 5.3-13 所示。

外平台采用三角悬挑结构，上下横梁采用 40mm×60mm×3mm 方钢与提升架用螺栓连接，横梁尺寸为 2m，横梁与提升架腿之间用斜撑及斜撑支座进行连接，形成稳定的三角形

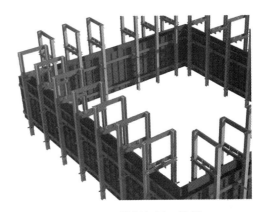

图 5.3-11　模板加固三维图

悬挑结构。平台的四个角相邻的提升架、围圈用钢管连接后，所有围圈四角搭接处均用$\phi 16$钢筋弯成 L 形将四角所有围圈焊接固定，加设钢管支撑，保证围圈和提升架为整体并能提高滑模平台刚度。平台的钢构体结构完成后，在钢构体的上方铺设木方，铺设时注意密度，木方用 14 号铁丝固定在钢管上，固定好后在木方上面铺设木模板，用铁钉固定。内平台桁架节点三维图如图 5.3-14 所示。

图 5.3-12　内外操作平台系统三维图

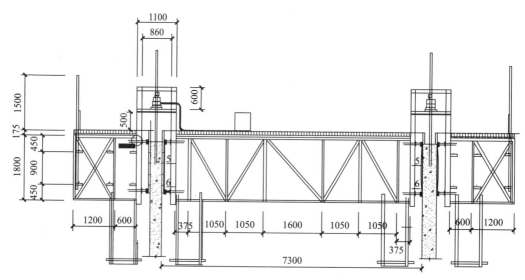

图 5.3-13　操作平台剖面图

内架采用 40mm×60mm×3mm 方钢（计算采用 40mm×60mm×2.75mm）焊接成上下两层的桁架体系，横纵距同提升架间距，上下两层加设方钢斜撑，间距 1500mm，方钢与提升架立柱连接方式：通过在 12 号工字钢上的螺栓连接钢板，方钢再与钢板进行四面围焊。操作平台施工图如图 5.3-15 所示。

操作平台的外侧应按设计安装钢管防护栏杆，其高度不应小于 1500mm；内外吊脚手架周边的防护栏杆，其高度不应小于 1200mm，栏杆的水平杆间距应小于 400mm，底部应设高度不小于180mm的挡脚板。在防护栏杆外侧应采用钢板网或密目安全网封闭，并应与防护栏杆绑扎牢固。在扒杆部位下方的栏杆应加固。内外吊脚手架操作面一侧的栏杆与操作面的距离不应大于100mm。

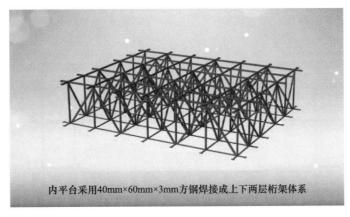

内平台采用40mm×60mm×3mm方钢焊接成上下两层桁架体系

图 5.3-14　内平台桁架节点三维图

4. 精度控制系统

精度控制贯穿于整个施工过程，直接关系到工程质量、安全。本工程的精度控制系统如下：

（1）用水准仪或水平管测量滑升平台、提升架的水平度，平台组装好后在烟囱内部设一个固定中心点，内平台下部的钢管上安装一个定滑轮，线坠用14号铁丝连接，铁丝通过定滑轮后缠绕在钢筋焊接的转盘上，通过转盘操作线坠的上下。线坠重8kg，可做垂直度的测量（垂球法）。班组长负责检测，每天至少观察3次。

（2）支撑杆垂直度控制措施：为保证支撑杆连接时垂直，每次支撑杆连接前用水平尺进行垂直度检测，当支撑杆焊接完毕后再次用水平尺进行垂直度检测。

图 5.3-15　操作平台施工图

（3）质量员每天必须用全站仪对烟囱施工的垂直度进行检测及扭转度检测。

（4）人员的检测和管理人员的检测必须校对无误，并做书面记录。

5. 物料提升系统

（1）物料提升架制作、安装方法：采用10号槽钢焊接成"门式架"，框架体系立柱、横梁、剪刀撑均采用10号槽钢。两侧"门柱"分别采用4根槽钢与提升架立柱12号工字钢顶部通过封头板进行焊接，每1.5m焊接一根水平杆，"门柱"宽度1m，高度距平台模板约5.6m，"门式架"中间及端部均设置槽钢剪刀撑加固，顶部槽钢与立柱进行焊接，形成一个整体的物料提升架。物料提升架宽约3.7m、高约6m、长约13m。

（2）物料提升架顶部滑轮横梁布置：物料提升横梁选用 2 根 10 号槽钢立放，横梁长度为 13m，横梁上设 6 个 3t 天滑轮，分 2 组错开放置，用于混凝土、钢筋垂直运输。

（3）起重设备的选用：采用 3.0t 落地式卷扬机，实际起重重量 0.7t，满足要求。起重钢丝绳选用 ϕ12.5 钢丝绳。物料提升架立面图如图 5.3-16 所示。物料提升系统三维图如图 5.3-17 所示。

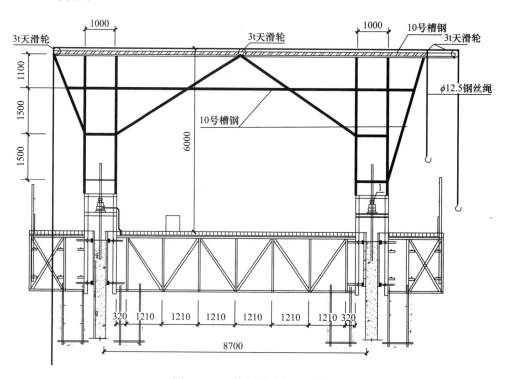

图 5.3-16　物料提升架立面图

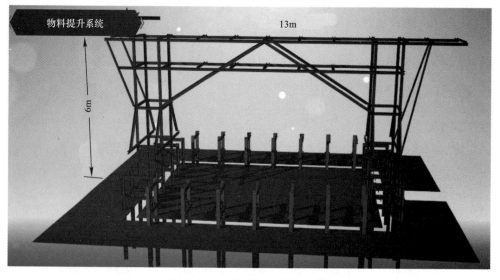

图 5.3-17　物料提升系统三维图

5.3.4 质量标准

滑模质量验收标准见表 5.3-1。

滑模质量验收标准   表 5.3-1

类别		验收项目	质量标准	检验方法及器具
主控项目	1	组装	有较好的整体刚度、良好的运转性能和足够的安全度，能确保工程质量和施工安全	观察检查
	2	荷载试验	滑升前必须做静载和动载试验，取超载系数为 1.2	观察检查
	3	隔离剂	不得沾污钢筋和混凝土接搓处	观察检查
一般项目	1	模板安装	（1）模板的接缝不应漏浆，木模板应浇水湿润，但模板内不应有积水。 （2）模板与混凝土的接触面应清理干净，并涂刷隔离剂。 （3）模板内的杂物应清理干净。 （4）对清水混凝土及装饰混凝土工程，应使用能达到设计效果的模板	观察检查
	2	预埋件制作、安装	应符合图纸的规定	
	3	考虑倾斜度后模板尺寸偏差 上口	—1～0mm	调正倾斜度后用钢尺检查
		考虑倾斜度后模板尺寸偏差 下口	0～2mm	
	4	圆模直径，方模边长偏差	≤5mm	钢尺检查
	5	相邻两块模板平整度偏差	≤2mm	直尺和楔形塞尺检查
	6	模板轴线的相对位移	≤5mm	经纬仪和钢尺检查
	7	圆形筒壁结构半径偏差	不大于 40mm	钢尺检查
	8	墙、柱、梁、壁截面尺寸偏差	±5mm	钢尺检查
	9	门窗及预留洞口的位置偏差	≤10mm	拉线和钢尺检查

5.3.5 安全技术措施

采用滑动模板工艺施工时，整个系统是在现场组装而成，且在运行中会出现操作平台上的堆载不均匀和提升或滑升过程中设备不同步等现象，使系统的上升阻力和设备的负荷增大，为保证整个系统的安全使用，在滑升前做 1.25 倍的满负荷静载试验和 1.1 倍的满负荷滑升试验。

1. 工程开始滑升前，应进行全面技术安全检查并应符合下列要求：

（1）操作平台系统、模板系统及其连接部位均符合设计要求。

（2）液压系统经试验合格。

（3）垂直运输机械设备系统及其安全保护装置试车合格。

（4）照明用电线路的检查与设备保护接地装置检验合格。

（5）通信联络与信号装置试用合格。

（6）安全防护设施符合施工安全技术要求。

（7）防火、避雷、防冻等设施的配备，符合施工组织设计的要求。

（8）完成职工上岗前的安全教育及有关人员的考核工作。

（9）各项管理制度健全。

2. 操作平台上材料堆放的位置及数量应符合施工组织设计的要求，不用的材料、物件应及时清理运至地面。

模板的滑升应在施工指挥人员的统一指挥下进行，液压控制台应由持证人员操作。

初滑阶段，必须对滑模装置和混凝土的凝结状态进行检查，发现问题，应及时纠正。

每作业班应设专人负责检查混凝土的出模强度，混凝土的出模强度应不低于 0.2MPa。当出模混凝土发生流淌或局部坍落现象，应立即停滑处理。

严格按施工组织设计的要求控制滑升速度，严禁随意超速滑升。

3. 滑升过程中，操作平台应保持基本水平，各千斤顶的相对高差不得大于 40mm。相邻两个提升架上的千斤顶的相对高差，不得大于 20mm。严格控制结构的偏移和扭转。纠偏、纠正操作，应在当班施工指挥人员的统一指挥下，按施工组织设计预定的方法并徐缓进行。

4. 施工中应按下列要求对支撑杆的接头进行检查：

（1）同一结构的截面内，支撑杆接头的数量不应大于总数量的 25%，其位置均匀布置。

（2）工具式支撑杆的丝口接头必须拧紧。

（3）榫接或作为结构使用的非工具式支撑杆，在其通过千斤顶后，应进行等强度焊接。

（4）当空滑施工时，应根据对支撑杆的验算结果，采取加固措施。

（5）滑升过程中应随时检查支撑杆工作状态，当出现弯曲、倾斜等失稳情况时，应及时查明原因，并采取有效的加固措施。

5.4 大跨度屋面吊装施工技术

生活垃圾焚烧发电厂主厂房 C～E 跨屋面钢结构均为管桁架结构，纵向横向各三跨，纵向为主受力构件，东西侧及北侧均有悬挑结构。其中纵向桁架（数字轴）每跨分为 4 榀四肢格构式主桁架及 4 榀平面次桁架，跨度分别为 C～D1 跨 42.5m，D1～D6 跨 36.5m，D6～E 跨 27.5m，桁架上部呈折线形，最大高度 4.417m，最小高度 2.283m；横向桁架（字母轴）每跨分为 3 榀四肢格构式主桁架及 7 榀平面次桁架，均被纵向桁架断开，四肢格构式主桁架跨度分别为 7～10 跨 20.75m，10～13 跨 21m，13～15 跨 9.75m，桁架高度 2.283～4.417m。屋面钢结构构件布置图见图 5.4-1。

5.4.1 施工准备

1. 技术准备

（1）编制大跨度屋面吊装专项施工方案，本工程屋面桁架 C～D1 跨度 42.5m、D1～

D6 跨度 36.5m，其安装达到《危险性较大的分部分项工程安全管理办法》中"跨度大于 36m 及以上的钢结构安装工程，需要组织专家对专项方案进行论证"的要求。

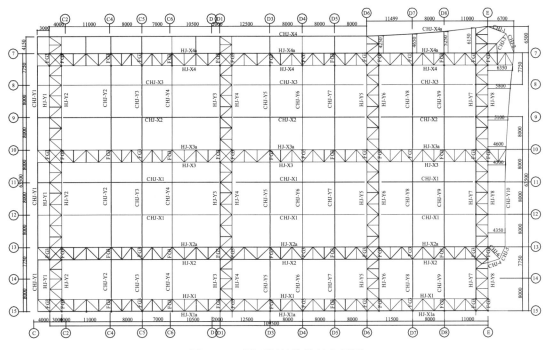

图 5.4-1　屋面钢结构构件布置图

（2）专项施工方案必须按程序由企业相关部门审核、专家进行论证，企业技术负责人审批后、上报监理单位审核，建设单位负责人签字后，方可组织实施。

（3）开工前组织有关人员看图、勘查现场、熟悉施工图纸，进行组织分工，技术交底，落实安全生产的条件和措施。

（4）检查起重机械设备操作人员、司索信号工、焊工的职业资格证，严禁无证上岗。

（5）对建筑轴线和标高进行复核，符合设计要求。

2. 现场准备

（1）地面、空中障碍物应清除，不能清除的应采取相应措施；开挖的沟、坑按要求回填、夯实、平整。

（2）施工机械行驶道路，构件运输道路和构件堆放场地均应满足施工要求，必要时应加固处理。

（3）工程施工所需的构件、零配件、工具等的数量、规格应齐备。

（4）施工机械进场后应在指定地点及时组装，组装后立即进行全面的检查，调试正常，确保机械在良好的状况下工作，严禁机械带病作业。

5.4.2　施工流程

根据现场总体施工进度分区施工，分区施工顺序：一区→二区→三区→四区。各区先安装格构柱顶桁架段，再按纵向四肢桁架→横向四肢桁架→纵向水平桁架→横向水平桁架的顺序依次完成区域内钢结构安装，最后安装外侧悬挑钢架。一区、二区在北侧设置一个堆场及拼装场地，三区、四区在南侧设置一个堆场及拼装场地，260t 履带式起重机在南北侧进行吊装。吊装顺序图见图 5.4-2。

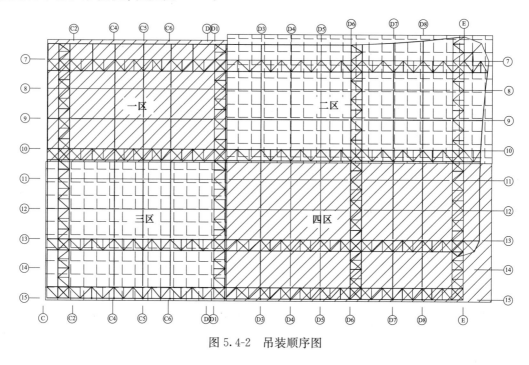

图 5.4-2　吊装顺序图

5.4.3　关键技术及控制要点

1. 拼装单元分片及吊点示意

对于四肢桁架，制作时将上弦片和下弦片制作成整片，腹杆全部散件。两肢桁架，高度不超过运输限度时，整榀制作，否则全部散件。桁架基本对称，通过软件模拟，重心、形心基本位于跨中位置，吊点设置在 1/4 跨位置。吊点设置示意图如图 5.4-3 所示。

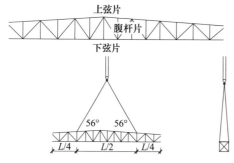

图 5.4-3　吊点设置示意图

2. 吊装工艺要点

（1）安装主桁架前，确保支撑格构柱及柱间支撑系统全部安装完毕并焊接完成，格构柱柱底灌浆完成，垂直度满足规范要求，各连接焊缝检测合格。

（2）钢桁架拼装顺序：1）将下弦片固定在胎架上；2）安装直腹杆；3）安装上弦片；4）安装斜腹杆；5）焊缝检测。测量监测贯穿整个拼装流程。

（3）钢桁架拼装完成后，将桁架上弦设置安全设施，进行吊点绑扎，各项准备工作完成后进行试吊，对于超长构件应设置溜绳。

（4）试吊成功后进行正式吊装，桁架就位并校正后必须打底焊接完成，才能解钩。

（5）因故暂停作业时，应对吊装作业中尚未形成稳定体系的部分采用临时加固措施，如焊接码板，设置支撑架等。

5.4.4 质量标准

钢结构质量验收表如表 5.4-1 所示。

钢结构质量验收表   表 5.4-1

阶段	焊接条件		
焊接前质量控制	焊接施工前搭设焊接防护措施		
	焊接前进行焊口清理，清除焊口处表面的水、氧化皮、锈、油污等		
	母材和焊接材料的确认与必要复验		
	焊接部位的质量检查、验收和合适的固定夹具		
	焊工操作技术水平的考核		
焊接中质量控制	增加 CO_2 气体保护，提高抗风能力		
	焊接过程中严格控制层间温度		
	严格按照焊接工艺评定参数施焊，保持焊接工艺参数稳定		
	焊道之间熔渣的清除必须彻底		
	焊条、焊剂是否正常烘干		
	焊接材料选择是否正确		
	焊接设备运行是否正常		
	焊接热处理是否及时		
	分次完成的焊缝，再次焊接前要进行预热处理		
	焊接时，采取合理的焊接顺序进行施工（如两人、三人或者四人对称焊）		
	焊后进行后热处理		
焊接后质量控制	焊接外形尺寸、缺陷的目测		
	焊接接头的质量控制	破坏性试验	理化试验
			金相试验
			其他
		非破坏性试验	无损检测
			强度及致密性试验

5.4.5 安全技术措施

钢结构施工安全措施如表 5.4-2 所示。

钢结构施工安全措施   表 5.4-2

序号	现场安全技术措施
1	要在职工中牢牢树立"安全第一"的思想，认识到安全生产，文明施工的重要性。做到每天班前教育，班后总结，过程检查，严格执行安全生产三级教育
2	进入施工现场必须戴好安全帽，2m 以上高空作业必须佩戴安全带，钢构件或作业平台上设置可靠的安全带挂设点
3	吊装前，起重指挥要仔细检查吊具是否符合规格要求，所有操作人员必须持证上岗
4	高处作业人员应符合高处施工要求，开工前检查身体
5	高处作业人员应佩戴工具袋，工具应放在工具袋中，不得放在钢梁或易坠落的地方。所有手动工具（如手锤、扳手、撬棍），应有防坠落措施
6	钢结构是良好导电体，四周应接地良好，施工用的电源线必须是胶皮电缆线，所有电动设备应安装漏电保护开关，严格遵守安全用电操作规程

序号	现场安全技术措施
7	高处作业人员严禁带病作业，施工现场禁止酒后作业，高温天气做好防暑降温工作
8	吊装时应架设风速仪，风力超过 6 级或雷雨浓雾天气时应禁止吊装。夜间吊装必须保证足够的照明，构件不得悬空过夜
9	氧气、乙炔、油漆等易爆、易燃物品，应妥善保管，分类堆放。严禁在明火附近作业，严禁吸烟，焊接操作平台上应做好防火措施，防止火花飞溅
10	交叉作业时，设置可靠的隔离防护及警戒措施

5.5 高精度预留预埋件关键施工技术

设备基础、钢结构基础存在大量预留预埋件，特别是汽轮发电机基座预埋套管。生活垃圾焚烧发电厂汽轮发电机基座预埋 44 根 $\phi108\times4$mm 钢套管，预埋套管中心与基础（设备）轴线的距离允许偏差为 ±10mm；预埋套管垂直度允许偏差为 ±5mm。因为螺栓预埋套管安装精度要求高，所以采用预埋螺栓套管支架安装。

5.5.1 施工准备

1. 技术准备

（1）收集施工中所需要的各种技术资料，包括设备厂家的安装说明书。

（2）熟悉和会审施工图纸，设备厂家的技术人员到现场进行技术交底。

（3）进行预埋螺栓套管支架深化设计。

（4）根据图纸等相关资料，编制螺栓预埋套管安装的专项施工方案。

（5）安全技术交底：在工程开工前，工程技术负责人对基础班组人员、施工管理人员进行安全技术交底，让其了解施工过程中的安全注意事项、存在的安全风险、如何保证安全作业等内容。

（6）施工过程中，项目部项目总工领导的技术部门及相关部门对出现的施工技术问题给予解决，并与设计人员保持良好联系，保证设计人员随时进行技术咨询或现场技术指导。

2. 施工现场准备

（1）汽轮发电机基座底板模板支设完毕，完成支撑架验收，方可进行螺栓预埋套管的安装。

（2）对厂区轴线网进行复核，将汽轮发电机基座轴线引测到梁底模板上。

（3）工程施工所需的构件、零配件、工具等的数量、规格应齐备。

5.5.2 施工流程

螺栓套管支架的深化设计→轴线引测到汽轮发电机基座梁底板→螺栓预埋套管细部放线→螺栓预埋套管支架安装→螺栓预埋套管安装→螺栓预埋套管验收→钢筋绑扎→模板加固→混凝土浇筑

5.5.3 关键技术及控制要点

1. 测量放线

(1) 根据主厂房控制网,将汽轮发电机基座的轴线引测到梁底模板上。

(2) 对汽轮发电机基座的轴线进行复核,轴线复验合格后进行细部放线。根据螺栓套管布置图及汽轮发电机基座的轴线,在梁底模板上分出螺栓套管位置的十字线。

(3) 根据螺栓预埋套管支架深化图纸,放出支架立柱预埋件的位置线。

2. 固定木塞和支架预埋件预埋

(1) 套管底部采用 $\phi 100$ 木塞进行固定,木塞采用 50mm 厚的木板加工成型,木塞定位图见图 5.5-1、套管固定示意图见图 5.5-2。

(2) 木塞用铁钉钉在梁底模板上,木塞中心与螺栓套管位置中心重合。

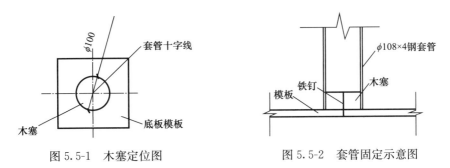

图 5.5-1　木塞定位图　　　　　图 5.5-2　套管固定示意图

(3) 在梁底模板上安装支架立柱预埋件,预埋件采用 200mm×200mm×10mm 钢板,在预埋件四角钻孔,用自攻螺栓与模板固定。支架底座预埋件安装示意图见图 5.5-3。

3. 螺栓支架安装

螺栓支架立柱采用 10 号工字钢,工字钢立柱焊接梁底模板预埋钢板上,立柱上部用 16 号槽钢连成整体,立柱及顶部槽钢之间用 $\phi 25$ 钢筋进行加固。支架安装示意图见图 5.5-4。

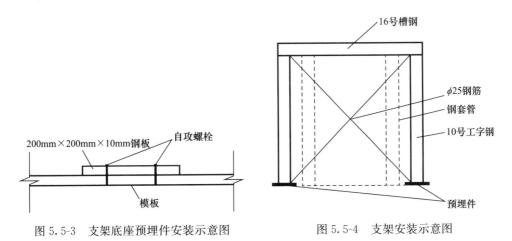

图 5.5-3　支架底座预埋件安装示意图　　　　图 5.5-4　支架安装示意图

4. 支架上拉定位钢丝

(1) 在螺栓预埋套管支架上焊接龙门架,用于拉钢丝控制螺栓位置。

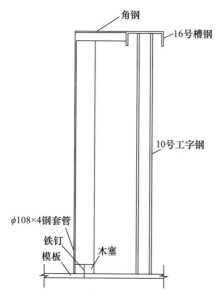

图 5.5-5　螺栓套管安装示意图

（2）采用全站仪测量定位轴线，轴线与梁底模板轴线重合。

（3）经复核无误后，挂钢丝，对照钢丝定位预埋螺栓套管。

5. 螺栓套管安装

螺栓套管底部套入木塞中固定，利用水平尺调整套管垂直度，套管垂直度符合设计要求后，用角钢将套管临时固定在支架上。对照钢丝定位，进行套管上部的位置复核，经复核无误后，套管焊接固定。螺栓套管安装示意图见图 5.5-5。

5.5.4　质量标准

（1）基础主要平面尺寸偏差为±20mm。

（2）基础顶面结构标高（不计二次浇灌层厚度）偏差为—10mm。

（3）预留孔洞、坑、沟等尺寸偏差为±15mm。

（4）地脚螺栓孔中心与基础（设备）轴线的距离偏差为±10mm。

（5）地脚螺栓垂直度偏差为±5mm。

5.5.5　安全技术措施

（1）焊接作业人员必须经劳动部门考核合格持证上岗。

（2）焊接作业前必须对所用设施进行检查，严禁带病作业。焊接作业是明火作业，作业前必须对环境详细检查及清理，对现场的易燃易爆材料采取覆盖或隔离措施。

（3）在易燃易爆区域施焊作业，必须经有关部门检验许可后方可进行。

（4）焊割枪点火时，枪口不准对人，正在燃烧的焊割枪不得放在工件或地面上，乙炔和氧气不准放在金属容器内，以防气体逸出发生意外事故。

（5）所有焊机外壳必须良好接地，电源装拆应由电工进行。

（6）电焊机应设单独开关，开关应放置在防雨的电箱内，焊钳焊把必须绝缘良好，连接牢固，更换焊条应戴手套，在潮湿地点作业，应站在绝缘胶板或木板上。

5.6　烟囱钢内筒顶升施工技术

烟囱内筒为钢内筒，内筒高 110m，直径为 2.2m。烟囱内部设置回转爬梯，在 6.5m、13m、19m、25m、37m、49m、61m、73m、85m、97m、103m 处设钢平台。

5.6.1　施工部署

烟囱混凝土外筒施工到顶后，利用现有滑模液压顶升施工平台和卷扬机垂直提升工具，进行钢平台及钢内筒安装，先安装钢平台后再安装钢内筒。钢平台采取自上而下的安装顺序，先安装 103m 平台，然后逐层向下进行安装。钢平台安装完成后，在烟囱 73m 钢平台上安装钢内筒液压顶升装置，完成钢内筒提升安装，最后进行保温施工。

5.6.2 施工流程

安装钢平台→安装钢梯→安装栏杆→安装顶升装置→安装轨道车→进第一节钢内筒→顶升第一节钢内筒→进第二节钢内筒→组对焊接→提升→进第三节钢内筒→组对焊接→顶升→循环作业→钢内筒施工完成

5.6.3 关键技术及控制要点

1. 液压提升设备安装

将烟囱 73m 标高处的检修平台上的主承重钢梁 H400×200、H200×100 及 16 号工字钢上组成提升支架，在提升支架上安装 4 组 YTSD200-300 穿心式液压提升千斤顶，千斤顶放置要垂直水平。千斤顶布置图见图 5.6-1。

2. 液压泵站安装及油路连接

在操作平台上选择合适位置安放液压泵站，使泵站与各组液压千斤顶近似在同一水平面上，并使泵站与各组千斤顶之间高压油管的长度尽量相同，液压电动泵站安装有流量调节阀和截止阀，流量调节阀可以调整液压千斤顶顶升平衡，截止阀同时具有调节流量和截止供油功能。通过调节以上阀门可以解决提升时的平衡倾倒问题，以保证提升的同步。

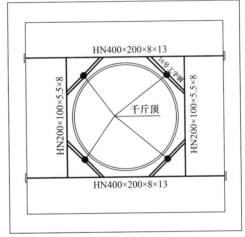

图 5.6-1 千斤顶布置图

3. 钢内筒吊耳焊接

在烟囱内筒外侧焊接 4 个吊耳，吊耳按照 90°均分，需与上部的千斤顶位置相对应。吊耳采用 20mm 钢板制作，钢板中间开孔用于挂卡扣。吊耳布置图见图 5.6-2。

4. 安装钢绞索

选用 ϕ15.24mm 的钢绞索，每根钢绞索的破断拉力为 261kN，每个千斤顶使用 18 根钢绞索，4 组千斤顶共计 72 根钢绞索。把钢绞索穿过千斤顶和挂上吊耳。

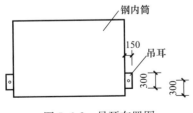

图 5.6-2 吊耳布置图

5. 钢内筒安装

在烟囱门洞口处利用型钢和角钢做一个滑道，滑道上面安装滑车。将加工好的钢内筒利用滑车送至烟囱中心。将加工好的钢内筒按照施工顺序提前编号，依次送至烟囱中心。

第一节钢内筒送至烟囱中心后，将内筒置于焊接平台上，利用捯链将第一节钢内筒提升至 2m 处。用相同办法将第二节钢内筒送至烟囱中心，置于焊接平台上。利用钢梁作为平台，捯链作为吊装设备，进行第一节、第二节钢内筒对口，检查无误后，焊接水平环缝。第一节与第二节焊接完毕后，用捯链将内筒提升，用滑车送第三节钢内筒，重

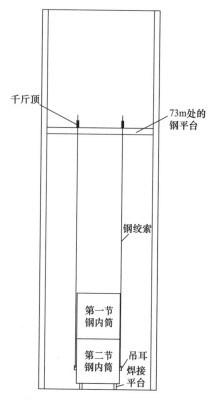

图 5.6-3 钢内筒安装示意图

复以上施工顺序。钢内筒安装示意图见图 5.6-3。

5.6.4 质量标准

（1）筒体安装前应对环形基础坐标位置进行核对，环形基础的中心距允许偏差不超过 15mm。

（2）内筒总标高允许偏差不超过 100mm，止晃点标高偏差不超过 10mm。

（3）筒体组装后要按验评标准检验各个几何尺寸（如圆度、直线度），合格后方可焊接，焊接时两人同时对面施焊，防止变形。支座环与筒体间隙最大不超过 1.5mm，缝隙过大不宜用金属垫塞。支座环上螺栓孔的允许偏差，孔与孔之间的尺寸，不超过 1.5mm，孔径不超过 1.5mm，同心度不超过 20mm。内筒的周长及椭圆度的允许偏差如下：周长允许偏差为 15mm，椭圆度应满足错边不超过 1mm，且偏差不大于 10mm。

（4）单节组装后不得留过夜再施焊纵缝，组装点焊严防咬肉。

（5）运送段焊口清理后在吊装前不得直接放在土上。

（6）筒体顶升时严格按图纸标高对筒体三种规格板材的安装标高及长度进行编号，避免顶升时发生混乱和错误，如有缺陷，应及时消缺处理，不得将有缺陷的筒体壁板、附件顶升就位。

（7）筒体层间止晃装置安装前，须待筒体分段找正定位后，再安装。

（8）烟道口开孔前，将烟道口位置加固，防止筒体变形。

5.6.5 安全技术措施

1. 支撑梁安装安全管理措施

（1）烟囱外筒施工时，在支撑钢梁与烟囱外筒接触的结构壁上安装预埋件，用于固定支撑钢梁。

（2）利用现有滑模平台。

（3）支撑梁安装上横梁时必须系好安全带，组装工具用绳索系好，以免操作时滑落。

2. 钢内筒提升作业安全管理措施

（1）组装提升平台，支撑平台时，其构件之间连接、焊接必须在经过施工技术员验收合格后方可使用。

（2）在止晃钢梁上安装支架时，支架的焊接和位置必须经过验收方可使用。

（3）钢内筒内焊接时，用轴流风机进行排烟换气，以保证焊接环境。筒内打磨时，打磨人员应戴好平光眼镜和防护口罩。

（4）外部焊接平台和保温平台边应设置防护栏杆。

（5）钢内筒组对焊接时应有可靠的焊接接地，焊机接地线统一制作接地扁铁，直接引至组对平台，再由组对平台用接地软线统一接上筒体，以确保钢绞索不过电。

（6）保温工作开始时，应加强防火力度，派专人及时清理保温垃圾，加强对焊接、气割火花的防护，气割时底部加挡板挡住火花飞溅，焊接时有专人巡查，各层平台设置灭火器及水桶，防止火灾发生。

5.7　发泡混凝土屋面施工技术

生活垃圾焚烧发电厂卸料大厅和垃圾池屋面采用钢桁架＋发泡水泥复合板屋面板结构体系。屋面板材料为 100mm 厚发泡水泥复合板屋面板，加防水层后的屋面板密度不得大于 2.5kN/m²。发泡水泥复合板屋面板荷载等级应为二级，其应能承受外加均布荷载标准值 $Q_k = 2.14$kN/m²。

5.7.1　施工准备

1. 技术准备

（1）技术人员应对设计图纸、屋面檩条深化图纸、屋面板深化图纸以及施工合同进行认真的审核，明确各部位的节点做法，如发现图纸中有不明确事项，在施工前向设计人员提出，由设计人员进行确定。

（2）施工前的准备工作有熟悉图纸、编制施工方案、深化屋面配板图、掌握细部做法等。其中，深化屋面配板图时应综合考虑层高、跨度、板尺寸、板缝位置，明确包括安装尺寸、洞口位置、采光罩连接、设备布置、线管走向、屋架预埋件位置及节点做法等内容，必要时可增加异形板。

（3）施工前向项目现场管理人员进行详细的交底，使其明确各部位的施工做法、操作工艺、施工要求等。

2. 施工现场准备

（1）施工现场"五通一平"已完成，具备施工条件。

（2）屋面檩条安装完毕，具备发泡水泥复合板安装条件。

（3）现场各加工场、机械已调试完成并具备使用条件。

（4）施工前各种材料计划已经得到批准并采购到位且检验合格。

（5）标高、轴线控制线已引测到钢桁架上。

5.7.2　施工流程

施工准备→作业面验收放线→吊装发泡水泥复合板→焊接固定→天沟板安装→板缝处理→采光罩施工→基层清理→防水层施工→防水保护层→板底面修补→完工验收

5.7.3　关键技术及控制要点

1. 作业面验收放线

发泡水泥复合板吊装前必须对屋面檩条进行复核，复核内容包括：屋面檩条的轴线、标高和预埋件位置。若发现屋架偏差及时整改，在屋面檩条满足板材的安装定位要求后标出板的定位控制线。

2. 发泡水泥复合板吊装

发泡水泥复合板屋面板安装从屋面的一侧向另一侧逐跨吊装，严禁分段同时吊装。在每一跨安装中，应遵从檐口向屋脊方向、屋脊两侧对称吊装的原则，防止屋架受力不均匀发生变形。

发泡水泥复合板起吊至屋面初步就位后，应扶住吊索保持板的稳定，再用撬棍对屋面板的位置进行调整，达到控制线定位要求时放开吊钩，将板材与屋架进行焊接固定。板材调整应满足板材安装偏差、板材拼缝宽度等要求，采用钢边框发泡水泥复合板，缝宽宜小于或等于15mm。

3. 焊接固定

发泡水泥复合板与屋架的焊接，应在板材定位准确无误后，将其钢边框与屋架或预埋件进行焊接，且焊接不少于3点，当板材在房屋端部作外挑板时，可焊2点。焊缝若无设计要求，应根据相关标准的规定施工。当为钢边框时，焊缝长度沿板纵向不小于60mm满焊，沿板横向不小于边框底宽，焊缝焊脚尺寸为3mm。相邻两块发泡水泥复合板进行焊接连接，短边焊接不少于1点，长边焊接不少于3点，焊缝长度不少于3cm。

4. 板缝处理

发泡水泥复合板板缝处，放入托棒后用水泥砂浆珍珠岩抹压密实，避免出现冷桥。水泥砂浆珍珠岩配合比为水泥：砂：珍珠岩＝1：2：4，板缝缝顶处距离板面以下预留20mm高采用1：3水泥砂浆抹平，并进行养护。

5.7.4 质量标准

（1）材料质量保障

发泡水泥复合板及相关材料的质量直接影响屋面工程的质量，要想保障屋面施工质量，首当其冲的是把好材料质量这一关。

发泡水泥复合板应有产品合格证书和性能检测报告，材料的品种、规格、性能等应符合现行国家产品标准和设计要求。同时发泡水泥复合板成品出厂应有28d以上的养护期。

发泡水泥复合板进场后，先按设计图纸和配板图核对所选用发泡水泥复合板的类型、规格、数量，检查破损和变形情况。对于材料的复验，发泡水泥复合板应复验导热系数、密度、抗压强度等性能。对于不符合要求的材料，严禁使用。

（2）板材安装的质量保证措施

板材安装主要包括起吊、定位、焊接固定。板材起吊时采用专用吊具四点起吊，绳索与板面水平夹角不宜小于45°，每吊数量不得超过两块。起吊定位应匀速稳健，不得碰撞剐蹭，造成板材损坏。板材定位后进行焊接，焊缝质量等级为三级，要保证焊缝长度，且不得出现余高尺寸不合要求、焊瘤、咬边、弧坑、电弧烧伤、表面气孔、表面裂纹、焊接变形和翘曲等外部缺陷。

（3）防范屋面开裂渗漏

无保温层的发泡水泥复合板屋面，开裂多为规则的横向裂缝，常出现在屋面板端缝、屋脊及其他容易变形的部位，在开裂部分发生渗漏。

对屋面开裂的治理，首先要控制屋面檩条的施工质量，如檩条与支座的焊接质量、发泡水泥复合板与檩条的焊接质量等，做好这些工作能在一定程度上提升屋面的整体刚度，从而减小板端位移，降低对防水卷材的拉力。

（4）完善细部构造

据调查表明，有 70% 的屋面渗漏是由于节点部位的防水处理不当引起的，如屋面天沟、采光罩与屋面连接处、落水口、突出屋面管道等部位。

因此为了防止屋面渗漏，应先做板材细部构造及细部防水增强处理，在细部构造处理完毕之后，必须经隐蔽验收合格才能进行隐蔽、开始下道工序。在细部构造上，应严格遵照设计图纸、屋面工程质量验收规范及施工图集等相关文件，进行施工和验收。

5.7.5 安全技术措施

（1）要在职工中牢牢树立"安全第一"的思想，认识到安全生产，文明施工的重要性，做到每天班前教育，班后总结，过程检查，严格执行安全生产三级教育。

（2）进入施工现场必须戴好安全帽，2m 以上高空作业必须佩戴安全带，钢构件或作业平台上设置可靠的安全带挂设点。

（3）吊装前，起重指挥要仔细检查吊具是否符合规格要求，所有操作人员必须持证上岗。

（4）高空作业人员应符合高层施工体质要求，开工前检查身体。

（5）高空作业人员应佩戴工具袋，工具应放在工具袋中不得放在钢梁或易坠落的地方，所有手动工具（如手锤、扳手、撬棍），应有防坠落措施。

（6）钢结构是良好导电体，四周应接地良好，施工用的电源线必须是胶皮电缆线，所有电动设备应安装漏电保护开关，严格遵守安全用电操作规程。

（7）吊装时应架设风速仪，风力超过 6 级或雷雨浓雾天气时应禁止吊装，夜间吊装必须保证足够的照明，构件不得悬空过夜。

5.8 矿坑边坡治理施工技术

垃圾焚烧电厂安全填埋区建设用地为废弃多年的采石矿，场地矿坑陡崖的岩土由上部以坡积黏性土和下部强风化或中等风化泥岩构成，岩体较破碎，受降雨影响，斜坡上层黏性土沿陡崖一侧已经发生坍塌。从岩层构造上看，表层岩体为泥岩，倾角为 20°～30°，开挖面陡立，存在高陡临空面，高差较大，坡面倾角 80°～90°，根据现场调查，3 号矿坑边坡面泥岩夹层发育，受强降雨易软化而降低抗剪强度，部分地段存在一定滑移的危险性。为保证矿坑边坡安全，采用钢管桩对边坡治理。钢管桩采用 Q235ϕ146×8mm 钢管，管内设 3ϕ32 钢筋。桩顶设置混凝土冠梁。

5.8.1 施工准备

1. 技术准备

（1）认真熟悉图纸，提出图纸问题交由设计、建设、监理等单位共同会审，并形成图纸会审记录。计算工程量并进行工料汇总，提出材料计划。

（2）根据现场的实际情况，编制合理可行的微型钢管桩方案和工程技术交底。

（3）了解本地的气候特点及气候条件，编制合理的施工进度计划。

（4）对业主提供的坐标控制点、标高控制点进行复核。

2. 现场准备

（1）施工现场"五通一平"已完成，具备施工条件。

（2）现场各加工场、机械已调试完成并具备使用条件。

（3）施工前各种材料计划已经得到批准并采购到位且检验合格。

5.8.2 施工流程

平整场地→注浆钢管制作→测量放线→孔距定位→钻孔机就位钻孔（每2m接钻杆一次）→清孔→注浆机安装→安装下放钢管→下放钢筋→安装注浆管→拌制混凝土→注混凝土浆→二次加压注混凝土浆→三次加压注混凝土浆直至上口翻浆→混凝土冠梁施工

5.8.3 关键技术及控制要点

（1）50型铲车平整场地；根据设计要求放出基坑边线及定出桩位，安装钻机进行成孔作业；待施工完毕后泥浆外运至施工区域外，检查并保护成桩。

（2）注浆钢管制作焊接：根据设计图纸要求的深度进行下料，钢管连接处进行加强焊接。

（3）测量放线：根据设计要求的间距、排距及设计提供的标高进行测量放线。

（4）孔距定位：根据设计的孔洞直径、间距、排距使用筷子打入地下进行定位。

（5）微型桩定位：根据微型桩定位，在成孔位置上进行汽车载运螺旋钻准确定位，汽车支撑脚腿下夯实后垫方木，确保其稳定。

（6）就位钻孔：将汽车载运螺旋钻机安放在指定位置，安放水平，防止倾斜；将钻杆抬至钻机旁，启动钻机，慢慢钻进；每进深2m，需要接一次钻杆，直至设计有效深度。

（7）清孔：在注混凝土前，要对桩孔进行清孔，使孔内沉渣全部排出，要求孔底沉渣厚度不大于50mm。

（8）安装下放钢管：待孔清洗后及时在孔内安装预先制作好的钢管，钢管上套150mmPVC管露出地面200mm，便于接入注浆管。

（9）安装注浆管：下放钢管完毕后，要及时进行注浆，注浆管由注浆机直接接入孔内的钢管上，接口要密封连接，注浆管采用橡胶管输送。

（10）拌制水泥浆：水泥浆采用专用机械进行拌制，水灰比控制在0.42～0.45，把拌制的水泥浆放入钢制的1m×1m×1m灰槽内，然后由注浆机注浆。

（11）注水泥浆：注浆管需装设压力表，注浆压力为1.0～2.2MPa，水灰比控制在0.45～0.5，注浆后暂不拔管，直至混凝土从管外流出为止，拔出注浆管，密封钢管端部，加压数分钟，待混凝土再次从钢管外流出为止。

（12）多次加压注浆：因一次注浆难以达到要求，需要多次间隙注浆，一般为3～5次，直至管口翻浆为止。

（13）孔口封堵采用专用封堵器封孔。

（14）混凝土冠梁施工。

5.8.4 质量标准

（1）钢管的制作允许偏差应符合以下要求：

1）打孔间距允许偏差为±10mm

2）支撑定位筋允许偏差为±20mm

3）钢管长度允许偏差为±50mm

（2）两端处桩位偏差不得大于1/3桩径（本工程为1/3×146mm＝48.7mm），中间桩桩位偏差不得大于1/2桩径（本工程为1/2×146mm＝73mm），垂直度不超过1/1000桩长。

5.8.5 安全技术措施

（1）钢管桩施工之前，对每个班组进行技术交底和安全交底，使每个工人都牢固树立质量和安全意识。

（2）注浆时注浆管不得弯折缠绕，时刻注意压力表，以免压力过高管炸伤人。

（3）现场插拔注浆管人员应佩戴防护眼镜，以免浆液溅入眼中。

（4）每根桩注浆结束后，注浆管要保持压力3min，等压力消散之后拔掉注浆管，这样既有利于注浆效果和保证桩身质量，也避免了压力过高造成安全事故。

5.9 飞灰填埋场防渗漏施工技术

飞灰填埋场防渗漏层由透水性小的防渗材料铺设而成，主要采用纳基膨润土垫层、HDPE高密度土工膜、无纺土工布。

5.9.1 施工准备

1. 技术准备

（1）认真熟悉图纸，提出图纸问题交由设计、建设、监理等单位共同会审，并形成图纸会审记录。计算工程量并进行工料汇总，提出材料计划。

（2）根据现场的实际情况，编制合理可行的飞灰填埋场防渗漏施工方案和工程技术交底。

（3）了解本地的气候特点及气候条件，编制合理的施工进度计划。

（4）保证有相应资质施工人员进行施工。

2. 现场准备

（1）施工现场"五通一平"已完成，具备施工条件。

（2）现场机械已调试完成并具备使用条件。

（3）施工前各种材料计划已经得到批准并采购到位、检验合格。

5.9.2 关键技术及控制要点

1. 基层处理

施工前需要进行基层处理，确保填埋场的基层平整、坚实，减小基层沉降，保证填埋场的稳定性。

2. 纳基膨润土垫层

（1）纳基膨润土垫层是两层土工合成材料之间夹封膨润土粉末（或其他低渗透性材料），通过针刺、粘结或缝合而制成的一种复合材料，主要用于密封和防渗。

（2）纳基膨润土垫层施工必须在平整的土地上进行，不能在有水的地面及下雨时施工，在施工完后要及时铺设其上层结构如 HDPE 膜等材料。大面积铺设采用搭接形式，不需要缝合，搭接缝应用膨润土防水浆封闭。对垫层出现破损之处可根据破损大小采用撒膨润土或者加铺垫层方法修补。

（3）纳基膨润土垫层在坡面与地面拐角处防水垫应设置附加层，先铺设 500mm 宽，沿拐角两面各 250mm 后，再铺大面积防水垫。坡面顶部应设置锚固沟，固定坡面防水垫的端部。

3. HDPE 膜施工

（1）HDPE 膜铺设

1）铺设应一次展开到位，不宜展开后再拖动。

2）应为材料热胀冷缩导致的尺寸变化留出伸缩量。

3）应对膜下保护层采取适当的防水、排水措施。

4）应采取措施防止 HDPE 膜受风力影响而破坏。

5）HDPE 膜铺设过程中必须进行搭接宽度和焊缝质量控制。监理必须全程监督膜的焊接和检验。

6）施工中应注意保护 HDPE 膜不受破坏，车辆不得直接在 HDPE 膜上碾压。

7）铺膜要考虑工作面地形情况，对于凹凸不平的部分和场地拐角部位需要详细计算，减少十字焊缝以及应力集中。铺设表面应平整，没有废渣、棱角或锋利的岩石。完工地基的上部 15cm 之内不应有石头或碎屑，地基土不应产生压痕或受其他有害影响。

8）按照斜坡上不出现横缝的原则确定铺膜方案，所用膜在边坡的顶部和底部延长不小于 1.5m。

9）铺设边坡 HDPE 膜时，为避免 HDPE 膜被风吹起和被拉出周边锚固沟，所有外露的 HDPE 膜边缘应及时用砂袋或者其他重物压住。

10）检查铺设区域内的每片膜的编号与平面布置图的编号是否一致，确认无误后，按规定的位置，立即用砂袋进行临时锚固，然后检查膜片的搭接宽度是否符合要求，需要调整时及时调整，为下道工序做好充分准备。

（2）HDPE 膜试验性焊接

1）每个焊接人员和焊接设备每天在生产焊接之前应进行试验性焊接。

2）在每班或每日工作之前，须对焊接设备进行清洁、重新设置和测试，以保证焊缝质量。焊接设备和人员只有成功完成试验性焊接后，才能进行生产焊接。

3）焊接过程中要将焊缝搭接范围内影响焊接质量的杂物清除干净。

4）焊接中，要保持焊缝的搭接宽度，确保可以进行破坏性试验。

5）除在修补和加帽的部位外，坡度大于 1∶10 处不可有横向的接缝。

6）边坡底部焊缝应从坡脚向场底底部延伸至少 1.5m。操作人员要始终跟随焊接设备，观察焊机屏幕参数，如发生变化，要对焊接参数进行微调。每一片 HDPE 膜要在铺设的当天进行焊接，如果采取适当的保护措施可防止雨水进入下面的地表，底部接驳焊缝可以例外。

7）所有焊缝做到从头到尾焊接和修补，唯一例外的是锚固沟的接缝可以在坡顶下300mm的地方停止焊接。

8）在焊接过程中，如果搭接部位宽度达不到要求或出现漏焊的地方，应该在第一时间用记号笔标示，以便做出修补。

9）斜坡坡脚、拐弯和场底的边坡交会处铺膜时，要求地基在拐弯时圆滑顺接，不得出现负坡。铺膜时不得使膜出现悬空状态。

（3）导流层施工

导流层摊铺前，按设计厚度要求先下好平桩，按平桩刻度摊平卵石。对于富裕或缺少卵石的区域，采用人工运出或补齐卵石。施工中，使用的金属工具尽量避免与防渗层接触，以免造成防渗材料破损。

5.9.3 质量标准

填埋场施工质量控制标准见表 5.9-1。

填埋场施工质量控制标准 表 5.9-1

部位名称		工序名称		主要工程数量		桩号、位置		
序号		质量要求					质量情况	
1		土工膜和焊条的材料规格和质量符合设计要求和有关标准规定						
2		基础层应平整、压实、无裂缝、无松土，表面无积水、树根及其他任何尖锐杂物						
3		铺设平整，无破损和褶皱现象						
4		HDPE膜在坡面上的焊缝应尽可能地减少，焊缝与坡度纵线的夹角不大于45°，力求平行						
5		在坡度大于10%的坡面上和坡脚1.5m内不得有横向焊缝						
6		焊缝表面应整齐、美观，不得有裂纹、气孔、漏焊或跳焊						
7		焊缝的焊接质量符合规范要求的检漏测试和拉力测试						
质量保证资料		质量保证资料必须满足相关管理法规和质量标准的要求						

序号	实测项目	规定值或与需偏差（mm）	实测值或实测偏差值															应检点数	合格点数	合格率（%）
			1	2	3	4	5	6	7	8	9	10	11	12	13	14	15			
1	热熔焊搭接宽度	100±20																		
2	挤出焊搭接宽度	75±20																		

承包单位自评意见	项目负责人（签章）： 年 月 日	监理意见	监理工程师（签章）： 年 月 日	平均合格率（%）	
				评定等级	

5.9.4　安全技术措施

（1）安全管理制度。在施工前，应制定相应的安全管理制度，明确责任和权利，做好安全管理工作，确保施工过程中的安全。

（2）施工人员安全。施工人员应按照规定佩戴必要的安全防护用品，包括安全帽、安全鞋、防护手套等，避免人员因为操作不当而造成安全事故。

（3）施工设备安全。施工设备应按照规定进行保养、维护和检查，确保设备的安全可靠，避免设备故障引起的安全事故。

（4）防火安全。飞灰填埋场防渗层施工过程中应注意火源的控制，严禁在填埋场内使用明火，避免引起火灾事故。

（5）防坍塌安全。在施工过程中，应注意填埋场边坡的稳定，避免因为边坡坍塌引起安全事故。

（6）防滑安全。在填埋场内进行施工时应注意防滑，铺设防滑垫等设施，避免施工过程中因为滑倒引起的安全事故。

5.10　锅炉专业主要施工技术

5.10.1　垃圾焚烧炉施工

本工程锅炉主要为焚烧炉、余热炉、炉本体管道、垃圾给料设备、锅炉附属设备（液压站、除渣机、输送设备、燃烧器、吹灰器等）、汽水热力管道、一次风机、二次风机、侧墙冷却风送风机、炉墙冷却风引风机、引风机、锅炉烟气净化设备等安装任务。

5.10.1.1　锅炉钢结构安装

（1）锅炉钢结构组合：组合场地面积 40m×20m，要求平整、不积水，道路畅通，钢架吊装以小组合件为主，组完时预留焊缝收缩间隙，防止焊接变形。装设临时绳梯或钢爬梯、顶护栏、大梁就位脚手架等安全作业设施，对组件临时加固，防止吊装时产生塑性变形。

（2）钢架吊装：钢架组件由 150t 履带式起重机主吊，50t 汽车起重机配合，采用多点起吊，尽量减小变形。竖起后由 150t 履带式起重机吊装就位，每组件 4 根缆风绳固定，用捯链调节，然后吊装横梁，将其一头点焊固定，另一头处于夹持状态。

（3）焚烧炉钢结构立柱和下料斗支撑梁，由 150t 履带式起重机直接吊装就位。

（4）由于焚烧炉钢结构只有两列，而且每排钢结构之间很少用横梁连接，为防止钢结构组合吊装时产生变形，原则上只将每条柱组合成整体吊装，柱与柱及横梁间不组合，采用散件吊装方式。吊装前，将炉排组件支撑座安装在立柱上，钢架吊装完，经整体找正验收后开始灰斗、炉排等的吊装和存放工作，然后是余热锅炉钢结构吊装。

（5）单件找正与整体找正相结合，底部找正、炉顶找正及中部找正，各部尺寸和垂直度严格控制在优良范围内，并预留焊缝收缩间隙。采用先点焊、后满焊，对称焊等措施，尽可能减小焊接变形。钢架焊接后经复查找正，并经验收签证后方可承重。平台扶梯及时跟上，预热器及其支撑梁由下向上逐层吊装。一般金属结构由150t履带式起重机吊装，部分零散件由卷扬机起吊安装。

5.10.1.2 给料斗、给料炉排及支撑钢架安装

（1）给料斗、给料炉排及支撑钢架布置在焚烧炉前与垃圾储仓的连接处，给料斗布置在炉前上部，直接与垃圾储仓连接，垃圾由垃圾吊抓紧后卸入斗中，通过给料斗与给料炉排间的连接通道进入布置在给料炉排，再由给料炉排送入焚烧炉排燃烧。

（2）给料斗吊装由150t履带式起重机完成。履带式起重机将给料斗由炉前方向送入后就位。

（3）给料斗与给料炉排间的连接件采用同样方式吊装，但应该提供临时存放，待给料炉排就位安装后，再与上下部件连接安装。

（4）给料炉排支撑钢架与给料炉排由150t履带式起重机从炉前方向送入，存放在炉前平台。首先，安装支撑钢架并找正；其次，安装和初步找正给料炉排。给料炉排的安装工序与焚烧炉排基本相同，其最终找正和验收必须等焚烧炉排安装找正完毕后，以焚烧炉排为基准对中进行。

5.10.1.3 焚烧炉排和护板（炉壳）安装

（1）主要安装顺序如下：各级炉排支撑座标高中心找正→炉排吊装→炉排找正安装→左右侧护板安装→顶棚支撑梁吊装→前侧顶棚和前墙吊装→炉膛出口后墙钢结构吊装→炉膛出口处侧外护板吊装

（2）各级炉排支撑座标高中心找正：按图纸要求，逐级找正各级炉排支撑组件的标高和中心线，注意控制炉排支撑组件的不水平度和各级炉排支撑组件之间的相对误差。

（3）由履带式起重机将炉排组件分别由炉顶放入炉膛与支撑座连接后松钩。

（4）炉排找正安装：每级炉排组件的标高和中心线与锅炉中心线重合、找正，找正各级炉排的中心线，使之重合。然后，将炉排与支撑座固定，并进行各级炉排间的连接工作。

（5）左右侧护板安装：由150t履带式起重机从焚烧炉顶向下吊入护板存放，然后，整体拼装。控制其整体尺寸误差，并尽量使各护板之间的间隙均匀，严格按图纸要求焊接以保证其密封性。

（6）顶棚支撑梁、顶棚钢结构吊装：顶棚支撑梁吊装由150t履带式起重机进行，水平放置于横梁上穿好螺栓后即可。顶棚钢结构由150t履带式起重机吊入焚烧炉内，加固后再进行安装。

（7）前侧顶棚和前墙吊装：由150t履带式起重机吊入焚烧炉，用捯链调整角度，临时加固后即可松钩。

（8）炉膛出口后墙钢结构吊装：由150t履带式起重机吊起后，直接插入焚烧炉出口处，上好螺栓并做适当加固后松钩。

5.10.1.4 启动燃烧器安装

燃烧器具有启动速度快、加热均匀、耗油量少、加热时间短、维护费用低等优点。

（1）安装方式

所有组件散件由低平板车运至炉膛底部，用卷扬机吊装。

（2）施工顺序

1）在基础的预埋铁件上，按图尺寸顺序进行支架的安装。

2）进行连接风道、混合室、预燃室、配风室等设备的安装。

3）风箱接口的散件组装就位。

4）非金属补偿器的连接就位。

5）最后进行油点火装置的安装及相应油管、风管的连通。

5.10.1.5　蒸汽-空气预热器安装

（1）空气预热器按单个管箱吊装就位，在炉顶钢架吊装过程中由 150t 履带式起重机直接吊装就位。

（2）空气预热器的汽水管道吊装根据设备到货及钢架安装情况采取整件或分段吊装的方式，临时吊挂到钢架横梁上，再与管箱定位连接。

（3）管箱及连接风道全部安装完毕后，开始安装护板及膨胀节，焊接时应保证焊缝的严密性。

5.10.2　余热锅炉安装

5.10.2.1　钢架安装

（1）基础复查画线

在开始安装钢架之前首先应确定钢架柱安装的基准点，基准点以业主提供的水准点为基准，以此为基准对主要项目如基础位置、外形尺寸、标高、混凝土质量等进行复查，检查结果应符合现行国家标准《混凝土结构工程施工质量验收规范》GB 50204 中的相关规定。其次确定锅炉纵横向中心线的位置，以此纵横向中心线位置为标准，以基准线为基准进行钢架基础画线和垫铁配置工作。

（2）垫铁配置安装

进行构架的基础画线、外形尺寸及标高，配制垫铁，基础表面应全部打出麻面，放置垫铁处应凿平整。要求所安装的垫铁纵横水平，位置布置在钢架立柱筋板的正下方。

（3）钢构架安装

1）根据确定的锅炉钢架安装顺序进行吊装，在吊装过程中需要缓装的构件，应事先临时存放。

2）吊装钢架第一片组件后，检查立柱标高和垂直度，并用调整垫铁进行调整。用水平仪测量1m标高线，由经纬仪从相互垂直的两个方向测量立柱的垂直度，当标高和垂直度调整合格后，拴好溜绳，确认稳定后吊车摘钩。用同样方法安装钢结构其他组件及其他部件。

3）当钢架吊装完毕后，须对钢架进行整体找正验收，之后，及时对柱脚进行二次灌浆。灌浆保护期达到要求后，再进行其他部件的吊装工作。钢结构的吊装应做到吊完一片，找正固定一片，验收一片，严禁上道工序未完就进行下道工序的施工。在吊装时，力求保持结构的完整性及稳定性。

4）平台扶梯的安装应随着钢结构的吊装同步穿插进行。

5）钢构架找正完毕后，应立即对构件连接处涂防腐油漆。

5.10.2.2　受热面安装

（1）受热面安装前的准备

1）外形检查

所有受热面外形检查内容包括：结构尺寸、弯曲度、焊接质量等，并做好相应的施工记录，发现设备缺陷应及时填报《设备缺陷通知单》，得到厂家代表、业主和监理方同意后，方可进行下道工序。处理完后，应及时办理闭环手续。

2）内部清理

受热面安装前要对受热面管排进行通球试验，试验用球直径的选择要符合有关技术规定。对于不能进行通球试验的设备，要用压缩空气进行吹扫。用通球试验和压缩空气吹扫发现堵塞的设备要对其进行清理，确保管内畅通。通球必须有业主或监理任何一方和我方质量监督部门人员在现场见证，办理现场旁站签证单并签字认可。

3）材质检验

对于图纸上标明材质为合金钢的部件，在吊装前要进行光谱分析，以确认材质是否与图纸相符。如发现问题应及时向有关部门反映以取得解决措施。

4）受热面的吊装顺序

第一、第二、第三通道右侧水冷壁→第一通道前水水冷壁→第二通道隔墙水冷壁→第二通道后水水冷壁→第三通道后水水冷壁→♯1蒸发管屏→二级过热器→一级过热器→♯2蒸发管屏→♯3蒸发管屏→第一、第二、第三通道左侧水冷壁→第四通道省煤器安装

（2）水冷壁安装

1）水冷壁吊装前，在组合场内用压缩空气对水冷壁管吹扫后再进行通球试验。在水冷壁集箱上画好纵横中心线，以方便集箱找平找正。将水冷壁上下集箱在组合场预先与相应管排组合连接，集箱摆放找正后应做好临时固定。管排组合前应先根据图纸尺寸进行放线，管排摆好后应对各管排的尺寸进行检查，管排与集箱点焊后应对组件进行相应等级的质量验收，通过后，才能对口焊接。在水冷壁焊口位置搭好对口焊接用的脚手架，水冷壁的吊挂装置应在吊装前安装完。

2）组合后的水冷壁由150t履带式起重机起吊，汽车起重机或门吊抬吊；待管排扳直后，撤出抬吊起重机，在余热锅炉炉顶钢架32.9m处Z2、Z3柱之间留有开口，由150t履带式起重机直接吊至炉顶，从炉顶灌入炉膛，用钢丝绳临时固定在钢结构上。

3）水冷壁集箱找正。以汽包中心线及标高为基准按图纸尺寸对水冷壁集箱进行找正，找正结束后对口焊接，并临时用槽钢（或角钢）将集箱固定到钢结构上。

4）水冷壁集箱找正焊接好后，方可进行其他水冷壁对口安装工作，焊接并安装好刚性梁。

5）单片水冷壁安装验收完后应进行整体找正。搭好炉膛脚手架，进行炉膛拼缝焊接密封。割除临时加固件和刚性梁连角。

（3）过热器安装

过热器由三级和两个中间喷水减温器及减温控制系统组成，一、二级过热器逆流布置，末级过热器顺流布置。

1）水冷壁吊装结束后，进行过热器安装。

2）由于过热器长度长，且管子口径较小，初步考虑采取散装的形式，所以过热器吊装时，须防止其变形。用25t平板车将过热器运输到锅炉侧，采取必要的加固并分片放置在简易架上由卷扬机或汽车起重机配合起吊，再由150t履带式起重机直接吊至炉顶，从炉顶灌入炉膛就位。

3）过热器吊装前，先将进出口集箱临时吊挂于安装位置，并安装好吊装装置。

4）过热器吊装过程中，及时穿装好各级过热器管与吊杆连接的销子，确保吊装安全。

5）过热器管排在吊装前，先将防磨片在地面组装好，减少高空安装工作。

6）过热器管排对口时，应保证管排间距符合设计要求。

7）过热器安装找正后，应做好临时固定措施。

（4）省煤器安装

1）用25t平板车将省煤器蛇形管排运输至150t履带式起重机起吊范围内，直接吊装就位。

2）省煤器管排在吊装前先将防磨片在地面组装好，减少高空安装工作。

3）布置好5t卷扬机起吊设施，按从下到上的顺序进行吊装。

4）为防止吊装变形，省煤器蛇形管排吊装时，须用2根钢管与管排绑扎牢或做个简易的起扳架，然后用5t卷扬机将蛇形管排吊装到相应标高位置，由捯链接钩，吊至安装位置进行对口焊接。

5）尾部受热面吊装结束后，须进行整体找正，并割除临时加固件。

5.10.2.3 汽包安装

首先将汽包拖运至150t履带式起重机的吊装范围内，汽包采用150t履带式起重机直接吊装，用汽包本身的支撑装置正式支撑就位，然后进行找正、固定工作。

（1）汽包由平板车运抵现场，在150t履带式起重机的吊装范围内确定安装方向后卸车，存放到吊装范围内的空地上。

（2）安装前先检查汽包筒体有无裂纹、重皮、疤痕及撞伤等缺陷，凹陷及麻坑深度不得超过3～4mm，用钢板尺、水平管复核汽包两端水平中心样铳点，画出汽包横向、纵向中心线。

（3）根据锅炉厂图纸，用钢卷尺、游标卡尺等随机抽查接管座，数量不少于2个。检查接管座位置、高度、外径、壁厚、坡口、角度是否符合图纸。

（4）打开人孔门，拆除汽包内部装置，检查设备是否齐全，有无明显伤痕、严重锈蚀、变形，清除尘土、锈皮、金属余屑、焊渣等杂质。检查人孔结合面是否平整，有无径向贯穿性伤痕，局部伤痕应≤0.5mm，若局部不平，应用砂布磨平。封闭人孔门，做到螺栓紧固、受力均匀。

（5）按照图纸尺寸安装汽包固定支座及滑动支座。

5.10.2.4 一、二次风机安装

1. 风机安装流程

设备清点检查→基础复查画线、垫铁配制→设备吊装→电动机安装→冷却水管安装→找正验收→分部试运

2. 施工程序

（1）设备检查。风机设备到达现场后，根据厂家图纸进行设备清点及外观检查，并核对风机各部尺寸是否与图纸符合。

（2）基础画线、配垫铁。根据设备图纸复查基础各部尺寸，根据土建给定的各基准线对基础进行放线。将基础垫铁处凿平，根据设备荷载及基础标高配制垫铁。

（3）设备解体检查。对轴承箱进行解体检修，并对冷却水室进行水压密封试验。轴承检修时，调整推力间隙及膨胀间隙，使其符合厂家设备文件要求。

（4）电机安装：将电机放在基础相应位置上，布置好垫铁，初步调整其标高和中心线位置。

（5）工业水冷却水管安装，通水试漏。

（6）找正：设备安装完毕后进行初步找正，使用百分表测量并找正两半耦合器的轴向和径向偏差，找正时通过调节电机的标高和位置来保证偏差值。找正完毕后即可进行基础灌浆。

（7）试运转：风机试转一般不少于 8h，机械各部振动，轴承温度须达到验收规范的要求。

5.10.3　锅炉水压试验方案

5.10.3.1　水压试验目的

水压试验是在锅炉本体安装完毕后对锅炉本体受热面各承压部件、锅炉本体安装质量、焊接质量、受热面设备制造质量及母材进行检验的一道非常重要的程序。为了在冷态下检验系统内承压部件焊口、母材、阀门等部件的严密性及强度，按设备技术文件的要求对锅炉本体及附属管道进行水压试验。

水压试验应严格按照有关方案进行，同时对试验用水的排放进行控制，必须达到国家有关排放标准后才能排放。

5.10.3.2　水压试验范围

水压试验范围：水冷系统、过热器系统、省煤器，本体范围内管道、疏水、排污、紧急放水、取样、加药、空气管等至一次阀门内；主给水管道至省煤器进口堵板，减温水管道至一次阀门，蒸汽管道至出口管道堵阀。水压试验时安全阀应压死或加装堵板，水位计不参加超压试验。

5.10.3.3　水压试验应具备的条件

（1）本体受热面和承压部件的所有焊口的焊接全面结束，并经无损探伤合格。

（2）锅炉本体管道、附属管道安装完毕。

（3）受热面承压部件的密封装置、门孔、保温预焊件安装完毕，膨胀指示器预焊件安装完毕。

（4）锅炉本体各部件及吊杆安装完毕，弹簧吊架经调整符合设计要求。

（5）水压试验临时系统安装完毕，除盐水充足，能满足水压试验所需，排水沟道畅通，能满足排放要求。

（6）试验用压力表量程、精度符合规定，并经校验合格。

5.10.3.4　水压试验步骤

（1）为保证水压试验一次成功，先进行风压试验，用空压机向受热面系统内打入压缩空气，到系统内气压达到 0.3～0.5MPa 时，进行全面检查，发现泄漏处做好记录，待水压完毕后进行处理。

（2）气密性试验结束后，即可进行水压试验。

（3）检查上水系统安装完毕后，开启所有空气门，开启上水门，关闭除临时水管外的所有附属管道一次阀门及热工仪表一次阀门，启动临时水上泵向锅炉进水，并适时开启加热系统升温，使系统温度达到试压要求。

（4）上水过程中应注意监视汽包水位，同时检查各空气门是否有气排出，以防堵塞。

（5）当空气门有水连续溢出后，持续 3～5min，即可逐步关闭空气门。待炉顶最高点空气门连续溢水 3～5min 后，关闭所有空气门及进水阀，停止上水。

（6）水满后对系统进行一次全面检查，若无异常，即可开始升压（注意排出压力表连接管中空气，以确保压力表读数准确）。

（7）启动试压泵升压至试验压力的 10%，对系统进行初步检查。若无异常情况，继续升压至汽包工作压力，检查系统是否有漏水和异常现象。无异常则继续升压至试验压力，迅速关闭试压泵出口阀，停泵，稳压 5min，记录压降值。

（8）缓慢开启泄压阀降压至系统工作压力，进行一次全面认真的检查，检查期间应无明显压降，检查中若无破裂变形及漏水现象，则认为水压试验合格。

（9）水压试验合格后，由安装、制造、生产、劳动部门四方办理签证，水压试验结束。

（10）水压试验合格后，即可开启空气门降压，降压速度不得超过 0.3MPa/min。

（11）压力降到零后，打开疏水门及放水门，将水冷壁、省煤器、过热器等设备内存水通过放水管排放干净。

（12）对水压试验过程中发现的各种缺陷，认真做好记录及标记，便于试验结束后及时处理。

5.11 烟气净化设备安装施工技术

烟气净化处理系统主要设备有半干式吸收塔、旋转喷雾系统、布袋除尘器、SNCR 系统设备、石灰浆制备及输送系统设备、活性炭储存及喷射系统设备、飞灰输送系统及飞灰固化等设备。

5.11.1 工艺流程

烟气净化设备安装流程图见图 5.11-1。

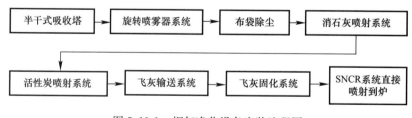

图 5.11-1　烟气净化设备安装流程图

5.11.2 半干式反应塔安装

（1）基础验收及画线

1）应检验基础的中心位置和水平标高是否与工艺布置要求符合，检查地脚螺栓及相互间的尺寸，如不符合，及时调整。

94

2）画出支座中心线及地脚螺栓孔中心线，并以支座中心为圆心，以塔体基础体为半径在支座上画圆，作为安装塔体的基准。

3）将支座中心用线坠引到基础平面或地面上，并做永久性标记，便于后期测量找正。

4）清理基础孔，将安放垫铁处铲为麻面，安放垫铁，找正、找平，并固定。

（2）钢支架安装

1）钢支架竖立时，底部孔应放入地脚螺栓，并使地脚螺栓呈垂直状态，位于基础孔的中心，地脚螺栓与仓孔壁不得小于15mm。如是预埋地脚螺栓，则应检查地脚螺栓的位置精度和螺纹情况是否符合设计要求，发现问题应事先进行处理。

2）钢支架定位后，即可对地脚螺栓灌浆，待养护后将螺栓拧紧。

3）只有在地脚螺栓拧紧后才能继续进行下一步安装。

4）钢支架安装采用的是螺栓定位，整体调整、螺栓拧紧后焊接的施工方法。

5）在塔体安装前，必须把握好柱子的垂直度，梁和斜撑稳固成一个整体后，方可承载塔体。

6）柱子上安装活动支座，须对活动支座找平找准，标高允许偏差小于±2mm。

（3）塔体基础段安装

1）基础段是筒体的最下部直接安装在钢支架上的部分，基础段还包括有基础板及加强筋板等，用于与钢支架连接。下部的灰斗也将安装在基础段上。所以基础段的安装是塔体的首要安装部件。

2）基础段应先在地面平台进行组装，然后进行吊装。

3）反应塔筒体板的连接应进行双面气密焊。

（4）塔体安装

1）筒体的安装同基础段一样应先在地面平台组装，然后进行吊装。

2）每一节筒体组装时应按分片制作的组对标记进行组对，不得对错。

3）如图纸没有说明，上下纵焊缝必须错开500mm以上。

4）每安装一段必须进行找平，以保证塔体的倾斜度不大于$h/1000$，h为筒体的高度，其最大值不超过20mm。

5）筒体板在车间制作时已开有焊接坡口，若是单边坡口时，则应将坡口的一面朝下放置。

6）筒体安装时，应在筒体内架设临时支架，使筒体的圆度保持在允许的范围内并防止吊装变形，待整个塔体安装完毕后再进行拆除。

7）每安装一段筒体必须完成全部焊接后方可安装上一节，以保证安全。

（5）平台楼梯安装

1）梯子平台的安装可在筒体安装时进行，也可最后安装。其柱子安装的允许偏差仍参照钢支架安装要求。

2）首先应在安装位置上画线，再进行安装。

3）安装平台时应注意图纸的安装要求，平台与平台支架之间不能随意焊接固定。以保持热伸缩要求。

（6）旋转喷雾器安装

喷雾装置安装是反应塔的重中之重。设备由国外公司提供，必须在国外公司专家的指导下进行安装。

（7）安装注意事项

1）由于反应塔罐体设备单片到货，安装过程中罐体设备出现椭圆度不够现象，所以在组合罐体过程中要在平台上根据图纸放样后进行拼装。

2）反应塔罐体组合后需分段进行吊装，所以在组合时要校正相邻罐体组合件的接口尺寸，以免因圆周出现偏差发生接口对不上的现象。

3）罐体单片进行组合时要进行多道牢固的加强（钢管或型钢），加强物需满足要求。

4）相邻罐体组合安装过程中要将两罐体焊接牢固后方可摘钩。

5）因旋转喷雾器属于进口设备，要做好设备的防护工作。

5.11.3 布袋式除尘器安装

布袋式除尘器布置在吸收塔与烟囱之间，主要作用是吸收烟气中的飞灰，中和反应物，反应剩余的 $Ca(OH)_2$ 颗粒和活性炭，并可进一步反应，从而提高整套装置的烟气净化效率。经过布袋除尘器之后，其酸性气体脱除率可达 98％以上，同时烟气中的二噁英类物质经活性炭吸附后与烟尘一起被布袋除尘器脱除；每条焚烧线有 1 台布袋式除尘器，每台布袋式除尘器由 8 个过滤室组成，有 8 个灰斗，并装有各自的进出口阀，可独立运行。原理是将从吸收塔进入的烟气通过除尘后，由灰斗收集，通过输送机送到灰仓并外运。布袋式除尘器附设旁通烟道。

（1）安装工艺

1）检查土建平台基础是否符合要求，并复查土建移交的中心线和标高。

2）在平台基础上画出除尘器支架安装的纵横中心线，做好标记。

3）以除尘器支架安装的纵横中心线为基准，在平台基础上画出除尘器每根立柱安装的"十"字中心线，并采用垫钢板的方法调整各立柱的相对标高，经验收合格后，做好标记，并焊好限位。

4）除尘器立柱在组合场进行检查，发现不合格品应及时进行校正。每根立柱画出"十"字中心线，同时从立柱顶部向下画出 1m 标高线，如果 1m 标高线以下有误差，应在调整各立柱的相对标高时一起调整。

5）将立柱按左右方向与横梁斜撑组合成几片，并焊接牢固后由 50t 履带式起重机分别吊装就位，就位时采用钢丝绳与捯链固定。

6）除尘器支架组合后，必须验收几何尺寸并进行临时加固后方可起吊，就位时采用经纬仪找正。

7）除尘器支架安装验收后，及时进行焊接。

8）除尘器支架安装验收后，先进行灰斗梁的安装。首先将灰斗梁下部的支座与立柱顶板连接，调整好标高及膨胀间隙临时固定。然后分别将灰斗梁吊装就位，待灰斗梁找正验收完毕后与支座顶板之间焊接牢固，灰斗梁本身之间也应焊接牢固。

9）灰斗梁下部支座标高通过调整垫板调整。

10）在组合场将灰斗进行必要的拼接，焊好临时吊耳。必要时在灰斗内部进行加固。

11）用 50t 履带式起重机分别将灰斗吊装就位，灰斗就位时，要保证上下口中心线垂直。

12）在灰斗梁的上平面再进行一次画线，并调整标高。

13）除尘器下部壳体在现场组合成片，由50t履带式起重机分别吊装就位。

14）就位时保证垂直并加固牢固，待下部壳体找正完毕，即可吊装上部壳体，并焊接牢固。

15）将烟道下部启闭阀门吊装存放。

16）从下往上分别吊装中央烟道隔板，并焊接牢固，防止泄漏。

17）然后吊装除尘器进出口烟管，进出口阀门，旁通烟管。

18）为了安全，平台走道可同步安装。

19）清点并检查布袋及紧固件。

20）先将布袋与袋笼进行组合。

21）分别将布袋吊装就位，然后安装压板。

22）最后安装顶部盖板及附属系统。

（2）安装质量要求

1）施工前必须认真学习图纸，明确施工方法及质量要求。

2）加强进场设备的质量检验，防止不合格品发生。

3）设备安装必须控制好标高和垂直度。

4）临时吊点设置必须合理，牢固。

5）除尘器安装时，四周搭设脚手架，脚手架搭设时，必须留出保温距离。

6）为了防止泄漏，所有焊缝必须进行外观检查，必要时做渗漏试验。

7）布袋安装采用逐层验收方法，即安装一层，验收一层，确保布袋安装质量。

8）除尘器进出口阀必须检修，确保开关灵活，并做好开度标记，以利于执行机构安装。

9）焊接工作必须由合格焊工操作，焊条必须经过烘焙，带到现场的焊条必须放在手提保温桶内。

10）焊接时，注意焊接顺序，防止焊接变形。

11）加强安装质量检验，保证上道工序未验收合格，不准进行下道工序工作。

12）保证管道及设备内部清洁。临时铁件割除后应打磨干净。

13）保证保温层厚度及保护层平整。

14）布袋等设备必须放在仓库内保管。

15）防泄漏措施：布袋除尘器安装质量的好坏，除了各部分的设备安装质量外，关键是无泄漏。因为除尘器一旦泄漏，将会造成环境污染，危害人体健康。所以除尘器的组合及安装焊缝必须经过100%外观检查，必要时对焊缝进行渗漏试验，凡法兰连接处，必须加垫正确，螺栓紧力均匀，丝扣露出长度一致。整个除尘器安装结束后，与整个烟气净化系统进行一次风压试验，检查除尘器是否泄漏。

5.11.4　飞灰仓、石灰仓、活性炭仓安装

（1）基础画线

1）用拉钢丝挂线坠的方法，在各柱画出十字中心线和等高线作为测量基准。

2）预埋螺栓均应符合图纸要求，混凝土强度应符合设计要求。

（2）垫铁配制

1）测量基础标高，以确保柱底板下不小于50mm的灌浆高度。

2）画出柱底板的十字中心线；按图分别放置在相应的基础上，使柱底板中心线与基础中心线相对应。

3）根据柱基础顶面标高及柱子＋1.00m标高线到柱子底板尺寸确定垫铁高度，经计算配制出垫铁组。

4）钢架主柱底板与地脚螺栓连接并最终固定。

5）柱底板安装应认真审图，注意方位，避免斜撑的连接板方向装反。

（3）各仓安装方法

1）考虑到吊装的有利条件及吊车的工况，尽可能进行较大范围的组合吊装，钢结构可以进行整体组合，可适当组合部分平台栏杆或部分横梁。

2）钢结构整体组合时，复核组件中立柱及横梁的标高、中心、纵横间距和对角线差等数据并做好记录，标出柱底1m标高线，提请四级验收。

3）平台楼梯牛腿定位焊接：部分牛腿可以与平台楼梯一起组合在相应钢结构组件上，根据图纸测量每层楼梯和平台的牛腿位置，画线定位，安装并焊接牛腿，焊接后去除药皮、飞溅等杂物并打磨光滑。

4）平台楼梯吊装：根据图纸及安装合理性安排组合平台、楼梯，剩余散件由25t汽车起重机吊装，就位成型后立即开始栏杆安装。

5）各仓仓体根据到场实际重量选用吊车进行整体吊装。

5.11.5 罐体安装

烟气处理系统需要现场安装的罐体主要有：尿素溶液制备罐、尿素溶液储存罐、石灰浆制浆罐、石灰浆储浆罐、螯合剂储罐、压缩空气储气罐等。

（1）安装方法

1）复核基础，并进行基础画线。

2）安装立柱底板并进行找正固定。

3）安装立柱和横梁，并做好记录。

4）将罐体就位安装。

5）整体找正，并做好记录。

6）找正合格后，进行一些附件的安装，并安装罐体的保温材料。

7）最后进行整体检查验收。

（2）钢架安装质量

1）施工人员应认真熟悉图纸根据图纸要求，对钢架构件进行复测、检查，防止不合格品混入。

2）复测土建基础几何尺寸及标高，是否符合设计要求。

3）画出罐体纵横中心线，以纵横中心线为基准，画出每根钢架立柱基础的"十"字中心线。

4）调整基础标高，使相对误差在标准范围内。

5）基础整体几何尺寸、对角线调整，直至符合要求后，进行验收，并做好记录。

6）按安装顺序，进行支撑、连接梁安装。

（3）罐体表面质量

1）安装前，对部件进行复测、检查，检查内容包括立柱长度、弯曲度及扭转值误差，圆弧板长度，弧度误差。如发现设备缺陷、超标等问题，应及时报有关部门告知业主方与供应商联系，如受委托现场处理，则进行消缺处理直至达到规范要求后，方可安装。

2）现场拼接前应仔细复核尺寸。检查工作应按规范要求进行，有专人负责，并做好详细记录。构件在运输、吊装过程中若损坏表面油漆，应及时清理后补漆。

3）部件拼接结束后，应及时磨去焊疤、焊瘤，保持箱罐体表面光洁。

4）部件制作完成后，应进行所有的表面处理和油漆工作。

5）根据供应商的技术要求，及时安排柱脚的二次灌浆，并检查、监督其密实度与强度。

（4）焊接质量控制

1）焊工，焊接质检员必须经考试合格后，持证上岗。

2）各部件的焊接，应严格按照图纸要求。焊条使用前，应参照说明书给定的温度进行烘干、保温。

3）各部件拼接时，若焊缝过大，应及时对其修正，严禁用圆钢或杂铁来填嵌施焊。

4）安装中严禁在立柱上引弧及乱点乱焊。

5）部件拼接结束后，应及时磨去焊疤，焊瘤，保持罐体表面光洁。

6）重要部件、部位焊接结束后，对焊缝需做煤油渗漏试验。

5.11.6 SNCR 系统安装

（1）设备检查

1）罐、储仓、管子、管件、阀门及管道附件在安装前按设计核对其规格、材质及技术参数是否符合设计要求。表面质量检查，管材表面无裂纹、缩孔、夹渣、折叠、重皮等缺陷，不得有超过壁厚负公差的锈蚀或凹坑，表面光滑无尖锐划痕；管道附件表面不得有粘砂、裂纹、夹渣、漏焊等缺陷，法兰密封面应平整光洁，不得有毛刺及径向沟槽。

2）管子、管件、管道附件及阀门必须有出厂合格证、材质单、化学成分分析结果。材料的化学成分、机械性能及冲击韧性必须符合国家技术标准。管件采用热压管件。

3）管道支吊架的形式、材质、加工尺寸及精度应符合设计图纸的规定。各焊缝外观无漏焊、欠焊、裂纹或严重咬边等缺陷。管子、管件及管道附件按规格、材质分类存放，并采取防腐措施。

4）管段加工过程中，应将管段上各种开孔（如热工开孔、放油开孔等）首先做好，开孔要用电钻。并将管内部清理干净。

5）坡口检查及清理：管子、管件坡口内外壁 10～15mm 内在对口前清除干净，直至显示出金属光泽。氨气管管道的焊口全部采用全氩弧焊焊接。焊口在打磨时，管内先塞入白布或面团等密封，防止铁屑进入管内。打磨后用面团将管口内外铁屑除净。

6）散装设备包装箱完好、内部部件无破损，泵组及模块设备外观完好、无缺少及损坏，控制柜无擦伤、掉漆、变形，控制柜内部部件无丢失、掉落、缺少及损坏。

（2）储罐安装

1）罐体进场检验。

2）罐体安装。

（3）尿素输送系统安装

1）尿素输送系统主要为水泵系统，该部分主要由加压泵站、冲洗模块、测量仪表和相应的管路阀门等组成。加压泵站对尿素溶液进行过滤加压，并输送至计量喷射系统。

2）软水输送控制系统及尿素输送控制系统，都带有支撑盘，直接放置相应基础安装，采用膨胀螺栓进行固定。

（4）管道安装

1）氨系统管道安装前必须逐根检查钢管的质量，并将管内砂子、铁锈、油污等污物清除干净。

2）管道安装始点的选择。氨气管道安装以主要设备为起始点向各个接口安装。管道在安装中应尽量避免突然向上或向下的连续弯曲，以免造成气封、液封、油封。

3）管子接口距离弯管的弯曲起点不得小于管子外径且不小于 100mm，两焊口间距离不得小于管子外径且不小于 150mm，管道在穿墙、楼板内不得有接口。管道连接不得强力对口，管子与设备连接在设备安装定位后进行。

4）管道安装中要严防灰尘、杂物落入管道内，严禁与保温作业同时进行，管道安装中如有间断，应及时用塑料布及不干胶带封闭管口，严防灰尘落入。

5）阀门及法兰安装：阀门安装前复核其合格证和试验记录及型号，按介质流向确定其安装方向。阀门检修后安装前要将阀腔、阀柄、阀盖内部打磨干净，确保阀门内部清理干净后及时用塑料布封闭。安装和搬运时不得以手轮作为起吊点并随意转动手轮。阀门连接不得强力对接或承受外加力量；法兰连接保持法兰间的平行，法兰密封面平整光洁无影响密封性能的缺陷。法兰连接紧力均匀。

6）支吊架安装：支吊架安装与主管道安装同步进行。将支吊架根部按设计位置安装牢固，再将拉杆、连接件按安装图设计顺序连接起来与根部接好。将管部放在安装位置，紧固好螺栓，抱箍与管子之间应接触密实均匀。导向支架和滑动支架的滑动面洁净平整，确保管道能自由膨胀。管道安装时，应及时进行支吊架的固定和调整工作。支吊架位置安装正确，安装平整、牢固，并与管子接触良好。支吊架不得布置在焊口上，焊口距支吊架边的距离不得小于 50mm。

7）主管道形成后进行排污、排空等小管线的安装工作。其开孔已在主管道安装前完成，小管线安装的工艺质量和检验标准与主管相同，且布线要短捷，且不影响运行通道和其他设备的操作，管路阀门布置在明显、便于检修操作的位置，管道布置应沿横梁、柱子、大径管、墙壁排列走向，以求整齐、美观，并易于设置支吊架。支吊架采用 U 形卡子固定时，型钢上的孔应用电钻钻孔。

8）储存罐、槽、管子、管件、管道附件及阀门选用新出厂的材料，且具有制造厂的合格证明，在使用前，应进行外观检查，按照设计要求核对其规格、材质及技术参数。各种罐体、槽体待土建结构形成并强度达到 100%时方可安装就位。各压力容器在封人孔之前，先用压缩空气吹干净。氨供应系统的仪表阀门在系统整体吹扫过程中，解开门再吹扫；反应区可在解列喷嘴后向锅炉里面吹。系统的氮气吹扫口参照图纸预留口。

9）管道组合前，管子管件必须经检查合格后方可使用。管端用塑料布封闭严实，以防砂土、杂物、雨水侵蚀。

10）管子的坡口尺寸和形式满足图纸及规范要求，管道焊接全部采用氩弧焊；20％以上进行无损检测，氨系统管道的焊缝漏点修补次数不得超过两次，否则须割去，换管重焊，管道连接法兰或焊缝不得设于墙内；管道开孔全部采用机械钻孔，直管段两个焊缝的间距应大于管子的直径，且大于100mm，焊缝与弯头的间距应大于管子的直径且大于100mm，支吊架距焊缝的间距大于管子直径，且大于100mm。

11）无设计走向，小口径管布线应短捷，布置应沿横梁、柱子、大径管、墙壁排列走向，以求整齐、美观，并易于设置支吊架。支吊架采用U形卡子固定时，型钢上的孔应用电钻钻孔，不得用气焊割孔。不影响运行通道和其他设备的操作。并保证管道施工的工艺性。

12）输送氨过程中容易产生液体，管道布置要注意坡向，因管架位置变动而产生最低点处，加设导淋门避免产生液体滞留堵塞喷嘴。

13）所有管道施工方法及工艺严格执行本方案，管道安装符合有关要求。

（5）系统管道清洗

清洗方法应根据对管道的清洁要求，工作介质，及管道内表面的脏污程度确定，一般应按先主管、后支管，最后疏排水管。

清洗前必须结合现场特点制定措施，经批准后执行。管道系统清洗前应将系统内的流量孔板（或喷嘴）、节流阀阀芯、滤网和止回阀阀芯等拆除，并妥善存放，待清洗结束后复装。在自来水清洗完成并确认无遗留杂质，安装所有管件，使用软水对整个系统进行清洗，直到打开IM入口处的Y形过滤器，确认无任何杂质。

5.12 行吊安装技术

5.12.1 施工流程

行吊安装流程图如图5.12-1所示。

5.12.2 施工准备

（1）200t履带式起重机一台。

（2）行车轨道应安装好，轨距、标高必须符合设计技术要求并已验收合格。

（3）行车设备件已清点核对无误，并做好组合清理、检查和组合工作。

（4）行车运至现场直接存放到垃圾池西侧，避免二次运输。

（5）吊车站位的场地应平整压实。

5.12.3 关键技术及控制

5.12.3.1 基础验收

对基础梁标高、中心线偏差、表面平整度、预留螺栓孔等进行检查，合格后和土建进行工序交接。

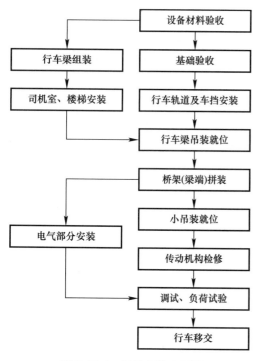

| 设备材料验收 |
| 行车梁组装 |
| 司机室、楼梯安装 |
| 电气部分安装 |

| 基础验收 |
| 行车轨道及车挡安装 |
| 行车梁吊装就位 |
| 桥架（梁端）拼装 |
| 小吊装就位 |
| 传动机构检修 |
| 调试、负荷试验 |
| 行车移交 |

图 5.12-1　行吊安装流程图

5.12.3.2　行车组装

（1）行车轨道及车挡安装。轨道安装前应进行检查，若有弯曲、扭曲等，对其进行矫正。车挡制作前应先测定吊车梁上连接车挡的螺栓或螺栓孔的实际位置，以便相应调整车挡上螺栓孔的位置。车挡及缓冲挡板安装完毕后，应立即安装吊车行程限位开关。

（2）大梁组装。按照厂家标识起吊位置将行车固定端的行车大梁绑扎好，并进行包角；使用临时支撑撑住大梁，安装驾驶室及楼梯，必要时可利用捯链调平大梁。

5.12.3.3　行车安装

（1）大梁吊装就位。用履带式起重机将行车大梁吊至汽机房行车轨道上，用枕木和垫块将大梁固定平稳；用同样的方法吊装另一侧的大梁和两条大梁的连接件，同样放置在轨道上。

（2）桥架拼装。检查桥架主梁上拱度、桥架对角线偏差、大车车轮端面偏斜度和垂直偏斜度等使其符合图纸设计要求。吊钩位置正确，限位正确可靠。

（3）小车就位。将小车吊到行车大梁轨道上就位。

（4）附件安装。安装吊车吊钩、限位等附件。按图纸设计要求穿装主钩、副钩的钢丝绳。将行车向扩建端拖运至合适的位置并锁定。

5.12.3.4　传动机械检查

（1）齿轮箱检查，齿轮组啮合间隙与啮合接触符合要求；油位正确，齿轮箱无渗漏，手孔盖及垫料严密。

（2）用手旋转各传动机构和传动件灵活无卡涩，各联轴器中心找正，符合规范要求。

（3）各螺栓等紧固件齐全紧实牢固。

（4）检查滚筒、吊钩滑轮和车轮等无损伤等缺陷。

（5）调整各制动器动作灵活、可靠，制动间隙符合规定要求。

（6）钢丝绳强度报告、品种和规格符合制造厂规定。钢丝绳穿好后，保证大钩在最低位置时滚筒上除固定绳尾的圈数外仍缠有不少于 2 圈钢丝绳。

5.12.3.5　行车调试和负荷试验

（1）按图纸要求安装有关电气设备和电缆等附件，由专业人员进行调试工作。

（2）运入试吊重物，进行行车负荷试验；按规程要求依次进行 100％ 和 125％ 额定静负荷的大梁挠度试验，再进行 100％ 动负荷性能试验，最后进行 110％ 动负荷试验；试验时每一步都必须做好记录；试验过程中应有当地技术监督局及相关单位专业人员进行现场见证，取得签证后行车才能投入使用。

5.12.4　作业的质量要求

（1）检查吊车桥架拼装的几何尺寸，吊车车轮端面偏斜度和垂直偏斜度等符合要求。吊钩位置正确，限位正确可靠。

（2）齿轮箱检查，齿轮组啮合间隙与啮合接触符合要求；油位正确，齿轮箱无渗漏，手孔盖及垫料严密。

（3）用手旋转各传动机构和传动件应灵活无卡涩，各联轴器中心找正应符合规范要求。

（4）各螺栓等紧固件齐全紧实牢固，焊接应符合设计要求。

（5）检查滚筒、吊钩滑轮和车轮等无损伤缺陷。

（6）调整各制动器动作灵活、可靠，制动间隙符合规定要求。

（7）检查钢丝绳强度报告、品种和规格符合制造厂规定。钢丝绳穿好后，应保证大钩在最低位置时，滚筒上除固定绳尾的圈数外，仍缠有不少于2圈钢丝绳。

（8）行车安装及调试过程中严格控制关键点。

（9）行车轨道的检查。

（10）行车的拼装及其传动机械的检查。

（11）行车的试吊调试。

5.13　汽轮机安装技术

5.13.1　施工流程

施工流程：

设备开箱清点→基础放线核查→锲铁加工→拉钢线→冷凝器吊装→汽轮机前后座就位（包括导向键检查）→发电机前后轴承座就位→标高中心调整→发电机定子台板就位及初效→检查台板与发电机定子相对尺寸→各轴承和轴承座之间接触面扉磨→链子轴颈检查不圆度和表面光洁度→汽轮机和发电机转子吊入，轴承检查→汽机下缸纵横水平调整→汽机发电机初校（含汽机转子扬度-联轴器的同心度-同心度-各轴承座的水平-轴承的接触面等）→冷凝器与膨胀器焊接→发电机风冷却器安装→穿发电机转子→推力轴承安装→机组精校→发电机定子校气隙和磁场中心→机组二次混凝土浇筑→发电机定子定位销安装→发电机耐压试验→发电机轴封检查安装→汽机上下缸接合面检查→汽机隔板调整→隔板汽封安装→前后缸轴汽封安装调整→汽机盘车装置检查，清洗→前后各轴承，紧力调整→轴承及轴承座清洗→扣大盖→调节气门，清洗各部位及尺寸检查→调节气门擦铅粉装回→联轴器安装→轴承座内部仪表安装→各轴承座清洗检查扣盖→涂刷机组保温油漆→油循环→空负荷试车

5.13.2　施工准备

1. 设备开箱检查

在施工前组织业主、监理、厂家单位对设备进行开箱验收，根据装箱清单逐一清点货

物，检查货物质量情况并认真填写开箱验收记录。

2. 建筑构件部分的勘察

根据图纸及厂家安装说明书，复核建筑构件数据，包括但不限于汽轮机基础顶面标高、汽轮机中心位置及两侧地脚螺栓孔中心距等数据复测并办理重要工序交接单手续。

3. 基础处理

（1）基础混凝土表面应平整、无裂纹、孔洞、蜂窝、麻面和露筋等现象。经质量验收合格后，尚需做下列检查工作：基础表面标高偏差不大于10mm，基础纵横中心线应相互垂直，与基准线偏差不大于1mm/m。

（2）地脚螺栓孔内必须清理干净，螺栓孔中心偏差不大于5mm，螺栓孔壁的铅垂度误差不大于10mm。

（3）按垫铁布置图，正确画出全部垫铁位置，将放置垫铁处的基础表面混凝土铲除，用清水冲洗干净之后，再用压缩空气将积水吹净。将木盒（木盒尺寸应比垫铁尺寸大60～80mm）放在垫铁位置上，将灌浆料倒入木盒，灌浆料表面平整。用水平仪、水准仪调整垫铁的标高和水平度。坐浆混凝土强度达到75％以上时，方可安装设备。

（4）检查地脚螺栓外表清洁，不允许有油漆和污垢，螺母与螺栓应配合良好；实际测量基础标高尺寸，复核地脚螺栓长度应能保证一定的余量，如发现问题应向有关部门报告，经同意后方可处理；地脚螺栓下托板与混凝土面接触平整，严密无倾斜。

4. 垫铁配置安装

（1）垫铁配置采用平垫铁210mm×110mm及斜垫铁200mm×100mm×70mm×50mm，200mm×100mm×40mm×20mm斜垫铁间配合接触面，斜垫铁与平垫铁配合接触面之间要求接触均匀，接触面积不小于70％，接触面要清洁。

（2）垫铁安装时，每叠垫铁一般不超过3块，特殊情况下允许达5块，每对斜垫铁按2块计算；斜垫铁接触面及斜垫铁与平垫铁接触面要求0.05mm塞尺塞不进。以汽轮发电机组纵横中心线为基准，各预埋垫铁位置对螺孔中心的偏差应不大于3mm。垫铁的布置按制造厂的图纸进行安装。

（3）在垫铁安装完毕，汽缸正式扣缸前，应在各叠垫铁侧面点焊。

5.13.3 关键技术及控制

5.13.3.1 基础几何尺寸检查

（1）基础的外观，表面平整、无裂纹、孔洞、蜂窝、麻面和露筋。清除基础上的杂物，割掉地脚螺栓套管高出混凝土部分的管头，孔洞用临时盖板盖好，凝汽器及发电机孔洞搭设牢固的工作平台，架设安全网，机座边缘搭设临时可靠的围栏。

（2）准备好测定标高用的水准仪、直径为0.5mm的琴弦钢丝、线坠、墨斗以及拉钢丝用的可调支架。按土建给定的基础中心线位置，从前箱到励磁机用钢丝拉一条纵向中心线以及凝汽器和发电机的横向中心线。横向中心线低压缸排气口中心线为基准，依次找出各轴承座及低压、发电机、励磁机台板的横向中心线。检查各纵横中心线是否垂直。根据纵横中心线，核对各锚固板中心线与机组中心线重合度是否符合要求。中心线符合要求后，用线坠将中心位置投到基础预埋件或基础边缘角铁框架上，并用样冲打出记号。

（3）地脚螺栓的垂直度≤1mm/m，根据土建给出的基础标高线，用水准仪测量地脚螺栓的顶面标高，其允许偏差为0～3mm，前箱和中箱及发电机的地脚螺栓的标高可比设计高出8mm，励磁机的地脚螺栓的标高可比设计高出5mm，地脚螺栓的丝扣完好无损。

（4）根据土建给出的标高线用水准仪测量基础台板位置各预埋件及沉降观测点的标高，作出记录，并加以保护。

（5）基础外形尺寸和孔洞的形状及尺寸符合设计要求，并且排汽缸与孔洞之间保证不小于设计值的间隙，以满足汽缸膨胀的要求。

5.13.3.2 垫铁布置及凿毛

（1）按制造厂设计的垫铁布置图，在基础上用墨线弹出垫铁位置，混凝土凿毛面积的尺寸比垫铁每边大10mm左右，如若凿毛深度较大，则凿毛面积适当加大以利于垫铁的镶装。

（2）用刨锤将混凝土面初步刨平，接触表面凿出新的毛面，渗透在基础表面上的油垢清理干净，将平垫铁的一面涂上红丹粉扣在混凝土面上进行检查，根据接触印迹修平，用手按压四角无翘动现象。凿毛过程中随时用铁水平检查垫铁的纵横中心线情况，使铁水平的水泡居中。

（3）混凝土承力面修平后，重新测量各块垫铁位置的标高，算准垫铁总厚度；用尖铲将台板下混凝土面的其余部分打成麻面，并将沾染在基础上的油污彻底清除。

（4）按图纸要求布置垫铁。

5.13.3.3 轴承座检查

（1）开箱清扫，将轴承箱内部组件解体，编号并打上字头。彻底清扫轴承箱，箱内无铁锈、焊瘤药皮、油污。必要时用砂轮打磨露出金属光泽。内表面所涂油漆无起毛和不牢现象。轴承座的油室及油路彻底清洗，吹干，确保其清洁、畅通、无任何杂物。

（2）轴承座结合面及螺栓无损伤，丝扣不松，各栽丝孔未钻透。

（3）清除轴承箱与盖结合面上的毛刺，在紧1/3螺栓的情况下，用0.03mm塞尺检查不能塞入，否则进行修刮。轴承箱进出口法兰结合面用平板研磨，其接触面积大于75%以上，用0.05mm塞尺检查不能塞入，并均匀接触，通压力油的油孔，四周用涂色法检查，保证连续接触无间断。

（4）清除轴承箱底面和侧面的铸砂、焊瘤、药皮及油漆，涂一层白灰，将轴承箱垫高500mm，用临时堵板严密堵死轴承箱下部四周法兰，向轴承箱内灌入煤油，灌油高度至少不低于回油管上口，有钢管铸入部分高于钢管与箱体间的镶接缝，检验其严密性。

5.13.3.4 台板就位、找平、找正

（1）施工前，进行台板与汽缸（轴承座）刮研和试组合。台板与轴承座接触达到下列标准：每25mm×25mm面积内接触5～8点，接触面积不小于总面积的75%，并分布均匀，用0.04mm塞尺检查，四周各处不能塞入。台板与低压缸撑脚底面接触，达到下列标准：接触面积达到75%以上，并分布均匀，用0.04mm塞尺四周各处不能塞入。台板与汽缸试组合，检查连接螺栓，丝扣不松，螺栓拧入台板后螺栓四周有1mm以上的间隙，在汽缸膨胀方向有足够的间隙以满足机组膨胀的要求。

（2）彻底清扫基础表面，安放基础调整垫铁，初调各块垫铁的标高。将台板就位在垫铁上，调整台板上表面标高比正常标高略低1mm左右，便于调整。

（3）拉钢丝进行找平找正符合要求（台板与基础纵横中心线偏差不大于1mm）。

5.13.3.5 汽缸安装

（1）汽缸是整台汽轮发电机组轴系安装的基准缸，严格按要求，找平，找正，直到达到要求。

（2）汽缸运至检修现场，清扫各水平及垂直结合面，清扫螺栓孔，去掉防腐油，清除毛刺卷边等。清扫和修理结合面所用螺栓，能用手顺利拧入拧出，罩帽螺母经过试带能顺利带满全扣，并一一对应编号打字头，以便对号入座。

5.13.3.6 轴承检修

（1）轴承外观检查：无夹渣、气孔、凹坑、裂纹等缺陷，承力面部位无粘合不良现象，在现场用着色法检查，承力面部位无脱胎现象，否则及时通知制造厂研究处理。轴承各部件用钢印标记，以保证安装位置和方向正确。

（2）轴瓦球面与瓦座的结合面光洁，涂红丹检查，其接触面在每平方毫米上有接触点的面积占整个球面的75%，并分布均匀，自由状态下中分面密合，用0.03mm塞尺检查不能塞入，否则通知制造厂处理，组合后的球面瓦和球面座的水平结合面均不允许错口，轴瓦的进油孔清洁畅通，并与轴承座上的供油孔对正，油口四周与其洼窝有整圈接触。用千分尺测量可倾瓦各瓦块，厚度均匀，偏差≤0.03mm。

5.13.3.7 转子检查

（1）起吊转子使用厂家提供的专用工具，使用前对各部零件进行检查。

（2）开箱清扫转子，用煤油洗掉各部分防腐油。检查转子各部分，包括焊接的焊缝，无裂纹和其他损伤，平衡重块和螺钉螺母不松动并锁紧可靠。

（3）轴颈锥度及椭圆度的测量，用外径千分尺测量同一纵断面的轴颈，其两端直径之差与轴颈长度之比，即为轴颈的锥度。用外径千分尺测量同一横断面，其垂直方向直径之差即为轴颈椭圆度，锥度和椭圆度之差不超过0.02mm。

（4）靠背轮检查：靠背轮端面光洁无毛刺，端面偏差不大于0.02mm，止口外圆晃度不大于0.02mm。

（5）转子弯曲度的测量：将转子吊入汽缸，轴瓦浇上透平油，分别在隔板汽封处、轴封处及轴颈处设置百分表，将对轮分成12等分，按运转方向盘动转子，分别测出各点在每个相对位置的晃度值，其中最大晃度值的一半即为轴弯，如超出厂家要求范围，立即通知厂家处理。

5.13.3.8 汽缸找正及通流汽封间隙调整

（1）汽缸就位。

（2）根据基础纵横中心线，拉纵横中心线钢丝，以钢丝为准调整汽缸位置。调整完毕后，检查汽缸定位销锚固板与汽缸之间的膨胀间隙。

（3）用水准仪测量并调整汽缸水平中分面标高，使各点标高基本一致，其实际标高可比设计标高低1~2mm。

（4）将缸内部套依次吊入下缸，拉钢丝，初步调整内缸和持环与汽缸的同心度，在0.10mm以内。吊入转子。

（5）调整汽缸水平，用大平尺加水平仪，检查和调整汽缸水平，汽缸横向水平偏差<0.20mm/m，并且前中后各段的横向水平度之差为0.05mm/m。

（6）转子找中心，可调整瓦枕垫片的厚度，以达到拉钢丝中心的要求。

（7）带转子精研各瓦垫，使其符合相关的要求，并保持轴颈扬度和转子在油挡洼窝的中心。

5.13.3.9　滑销系统组装

（1）检查汽缸纵横向定位锚固板尺寸，确认其能与汽缸互相配合，各滑动面无损伤和毛刺，根据设计标高和设备的实际尺寸，在锚固板的两侧配置定位插销。

（2）用内外径千分尺分别测量销与销槽的对应尺寸，每个滑销沿滑动方向取三点测量，销或槽各自三点测得的尺寸相互差均不超过 0.03mm。

（3）前箱与台板之间有两个位于同一条直线上的纵向滑销，测其横向相对位移作为间隙值，前箱就位后，向前推拉，纵销滑动自如。

5.13.3.10　汽缸螺栓的检查

（1）对合金材料的螺栓及螺母进行光谱复查，螺杆进行硬度复查。

（2）螺栓、螺母以及汽缸的螺栓孔的丝扣光洁、无毛刺，螺栓及螺母的配合不松不紧，能用手将螺母自由拧紧到底。汽缸螺栓的丝扣能全部拧入汽缸法兰，丝扣低于法兰平面。

（3）损伤的丝扣修刮后，用三角油石磨光。罩帽螺母紧固到位后，螺杆顶部与罩帽之间留有 2～3mm 的间隙。汽缸螺栓检查完毕后，在丝扣上用力涂擦耐高温二硫化钼，然后用布包好以防灰尘和磕碰。

5.13.3.11　与汽缸相连接管道及设备

（1）凝汽器、抽汽管道与低压缸连接

（2）凝汽器与低压缸排气口之间的坡口及对口间隙符合要求，全周间隙均匀一致。为防止汽缸变形，凝汽器与低压缸连接在汽缸试扣及螺栓紧固 1/3 以后进行。焊接时，采用分跳焊法，防止汽缸变形，同时使用手锤锤击，消除由于焊接产生的应力。用百分表监测汽缸支脚四周的变化和位移，当变化大于 0.05mm 时暂停施焊，待汽缸恢复原状后再焊接，同时用精密水平仪监测低压转子扬度，如有变化亦停止焊接，待恢复原状后再焊接。焊接完毕并冷却后，检查台板与汽缸结合面的间隙，用 0.04mm 塞尺检查，不能塞入。

（3）所有与汽缸相连的管道，均不强力对口。低压缸与抽汽管道连接完毕后，复查低压内部部套中心，其变化不大于 0.05mm，复查对轮中心。

（4）在汽缸及对轮上架设百分表监视，轴径上放合像水平仪专人监视，对轮变化不超过 0.02mm。焊接完毕，进行对轮中心、汽缸水平、轴颈扬度复查及通流部分间隙的复查及调整。复查低压转子轴颈扬度，其变化不超过 0.02mm/m，复查对轮中心，如有变化，调整到允许偏差范围之内。

5.13.3.12　汽缸前、后端汽封安装

分别检查高、中、低压缸两端汽封挡，找中定位孔与转子的同轴度，做好记录。将前、后端汽封体装好，然后再以定位销定位。

5.13.3.13　汽轮机试扣盖

（1）将汽封及汽缸上半部套扣上，紧好螺栓，将内缸及外缸上半扣上，紧 1/3 螺栓，转子就位后，检查转子的轴窜量，与实缸的检查结果相同，其偏差值不大于 0.05mm，否则查明原因并进行处理。

（2）盘动转子倾停汽缸内部，无摩擦影响。

（3）松开连接螺栓，检查台板间隙，0.05mm 塞尺不能塞入。复查对轮中心，无变化。

5.13.3.14　汽缸扣盖

（1）吊出缸内所有零部件，彻底清洁内部，并将螺纹涂上防咬润滑剂。

（2）下缸部套用压缩空气吹净，涂抹二硫化钼，按顺序吊入汽缸，底部定位销入槽，两侧挂耳落到底，仔细检查各隔板之间的缝隙，清洁无异物，并用压缩空气吹扫，用弹簧垫圈或止退垫圈封好。

（3）将轴承座内轴承的进、排油管及顶轴油管清理干净。起吊转子并用压缩空气吹净，用白布将轴颈擦干净，将转子缓缓就位，落入轴瓦前在轴径上浇上过滤干净的透平油。

（4）将转子吊入缸内。

（5）吊放各轴承上半部分，拧紧螺钉，并检查轴承间隙。

（6）按顺序依次吊装汽缸上半部套。

（7）将螺栓及销钉的螺母用封口垫封好。

（8）转子做推拉检查，符合要求，盘动转子倾听内部无异常响声。

（9）将上缸吊起 100～150mm，在中分面四角垫上 100mm×100mm 的方木，防止天车溜钩伤人。

（10）在水平中分面上涂抹汽缸涂料，厚度 0.5mm 左右，将上缸缓缓扣上，当上下缸距离 10mm 左右时打入定位销，上缸完全落下后将定位销打到底。

5.13.3.15　汽缸螺栓的紧固

汽缸螺栓冷紧顺序，从汽缸的中部开始，按厂家给定的冷紧力矩左右对称紧固，冷紧后汽缸水平结合面严密结合，前后轴封处上下缸对齐。冷紧时不允许用大锤锤击，可用力矩扳手按厂家提供的冷紧值进行紧固。

5.13.3.16　机组的最终找中检查及轴系的连接

（1）复查对轮中心，端面允许偏差 0.02mm，圆周允许偏差为 0.03mm。

（2）将称重、配对后的联轴器螺栓配合部分抛光，并涂润滑油后，按编号顺序装入联轴器法兰螺栓孔。对轮螺栓、螺母及螺栓孔用字头逐个对应编号，安装前，螺栓与螺母逐个称重。对轮螺栓的紧固，用千分尺逐个测量螺栓的长度，做出原始记录。在直径方向上对称地紧固螺栓，为了确保紧力均匀，使用力矩扳手进行冷紧，冷紧力矩参照厂家提供的数值。紧固完毕后，用千分尺再次测量螺栓长度，与原始值相比，其伸长量为螺栓有效长度。

（3）对轮连接时，综合考虑两个对轮的端面偏差，及时调整垫片的不平行度，使三者之间的偏差能相互抵消，并且在对轮螺栓冷紧后，测量两个对轮的晃度及轴径的晃度，对轮晃度的变化与连接前相比不大于 0.02mm，轴径晃度的变化与连接前相比不大于 0.01mm。

5.13.3.17　轴承箱扣盖

全部内部部件装齐，螺栓拧紧并锁牢，热工仪表元件装好并调整完毕，全部间隙正确并有记录。轴承座内彻底清理检查，确保内部清洁无杂物。轴承座水平结合面拧紧 1/3 螺栓后，0.03mm 塞尺不能塞入，扣盖时涂好密封涂料，保证结合面处不漏油。轴承座中分面涂密封胶后，盖轴承座盖。清理轴承座油挡，去除油污、毛刺等，油挡安装后检查油挡与轴径间隙，然后进行修刮，必要时修尖，斜口朝外，油挡与轴承座的垂直结合面清理干净，并涂以密封涂料，将油挡按上述间隙在轴承座上找正后，拧紧结合面螺栓并配好圆销，油挡中分面对口严密，最大间隙不超过 0.10mm，消除错口。

5.14 发电机安装施工技术

5.14.1 施工准备

5.14.1.1 基础检查、垫铁布置及基础凿毛

（1）发电机基础检查、垫铁布置及基础凿毛的施工方法与汽轮机的施工方法相同。

（2）垫铁准备和台板安装。

（3）无论是制造厂供应的斜垫铁，还是现场配置的平垫铁均须进行研刮。现场配置的平垫铁的边长应比制造厂供应的斜垫铁的边长大 10mm，平垫铁各点的厚度差小于 0.02mm。平面光洁无毛刺，锐角磨钝。

（4）台板与垫铁及各层垫铁之间接触密实，0.05mm 塞尺不能塞入，局部塞入部分不大于边长的 1/4，其塞入深度不超过侧边长度的 1/4。每叠垫铁不超过 3 块，特殊情况下允许达 5 块。可调斜垫铁的错开面积不超过该垫铁面积的 25%。只允许有一对斜垫铁。

（5）更换垫铁时，用百分表监测该垫铁和相邻垫铁位置发电机支脚标高，变化不超过 0.03～0.05mm。

（6）清理条形底板的上下平面及所有垫片，核对底板尺寸及螺孔距离和直径，底板的安装标高与中心位置符合图纸要求。

5.14.1.2 发电机静子出线盒就位

发电机就位以前将出线盒放置于底部，就位时，尽量注意对准发电机静子下安装窗口的轴向、横向位置，出线盒顶部平面高度要低于其实际安装高度。出线盒顶部要严格遮盖好，以免杂物掉入。

5.14.2 发电机轴承安装

（1）轴承检查：无夹渣、气孔、凹坑、裂纹等缺陷，用着色法检查，承力部位无脱胎现象，否则通知有关部门研究处理。各轴承部件用钢印标记，以保证安装位置和方向的正确。

（2）轴瓦与下轴承座的球面应配合或研磨，即轴瓦球面与瓦座垫块间接触面积不小于75%，且均匀分布。

5.14.3 发电机定子就位

用行车直接吊装发电机定子就位。

5.14.4　发电机穿转子

发电机穿转子采用滑板滑移法。预先将发电机后轴承座和转子装配在一起，从而将整个转子的重心移向后轴承座一侧，在后轴承座上加平衡滑块。将滑块挂于转子上并系好结实的细长绳，在发电机励磁机侧的基础地面上垫好枕木，覆上钢板并涂牛油。在发电机定子铁心内侧下部垫上 2mm 橡皮作为保护板，上面放置弧形滑板。将发电机前轴承套及轴瓦暂时取下。按转子重心位置用汽机房桥式起重机水平吊起转子，对准定子中心使转子平稳进入定子内，然后将转子放下。将钢丝绳换至后轴承座处，在后轴承座两侧与定子两侧预埋的工字钢间挂上两根捯链。牵引两侧捯链，带动转子向定子内滑入，同时，用起重机配合转子穿入，向汽机方向移动。起重机换钩到靠背轮处。穿转子至发电机前轴承位置，放下前轴承套，放入轴瓦，使转子支撑在前后轴承上。转子穿装结束，拆除各临时设施。

5.14.5　发电机找正对中

（1）进行发电机静子和转子磁力中心的调整，静子相对于转子的磁力中心向励磁机侧偏移一部分预留量（依据制造厂给定的数据）。

（2）测量静子和转子的相对位置（在静子两端的对应点进行），确定测量位置后，做好标记，以保证测量和调整的准确性。进行发电机转子与汽轮机转子的对轮找正。

（3）按汽轮机厂提供的轴系找正图进行找正。在发电机静子机座底脚上各螺孔内，旋入千斤顶螺栓，在发电机四周，连接螺栓将带有无阶差垫片的座板和底脚把合。

（4）为保证发电机转子对轮的扬度与汽机转子的对轮满足厂家要求，将静子下部垫片布置成阶差垫片，但为了保证机组运行多年以后，电厂检修时，转子中心可以调整，可通过调整垫片的厚度来保证发电机转子的中心与汽机低压转子的中心，因此，发电机下部的调整垫片的厚度最薄处不小于 5mm。

（5）检查联轴器，其径向跳动及端面跳动均不大于 0.05mm。

（6）测量时，汽机盘动 0°、90°、180°、270°、0° 五个位置，然后将发电机盘动 180°，再测量汽机转子 0°、90°、180°、270°、0° 五个位置情况下的数据。冷态找正时，依据厂家提供冷态预留量，联轴器的上下错位值及端平面间的上下不平行张口测量结果符合厂家要求，调整其发电机静子左、右、高、低位置，使其对轮中心满足要求。

5.15　汽机及发电机辅助系统安装

5.15.1　凝汽器安装施工

5.15.1.1　基础和垫铁准备

基础表面凿毛并清除油污、油漆和其他不利于二次浇灌的杂物。放置临时垫铁处的混凝土表面凿平，与垫铁接触良好，垫铁表面平整、无翘曲和毛刺，垫铁各承力面间的接触密实、无松动。

5.15.1.2　凝汽器组合、就位

（1）在组合场内搭设一个组合平台，然后在平台上按设计图纸进行接颈的组合。接颈支撑管按从下向上顺序组装，按图纸安装支撑管。

（2）凝汽器与低压缸连接工作在低压缸调整、低压缸最终定位后进行。凝汽器与低压缸采用焊接连接，低压缸与凝汽器的膨胀节之间接头形式为"T"形，在低压缸内部用钢板将低压缸与凝汽器膨胀节连接成一体，焊接前，在焊口外侧点焊一圈 25mm×4mm 扁钢。焊接工艺符合焊接规程要求，并制定防止焊接变形的措施，焊接时用百分表监视汽缸台板四角的变形和位移。

5.15.2　油系统设备及管道安装施工方案

为了减少油循环的时间，提高油质的清洁度，要在制造、加工、运输、保管、安装施工、分部试运等主要过程中，严格把关，对从管路配制、安装到管道选材、加工、焊接、除锈、防锈、保管、清扫、冲洗、循环检验等环节，高标准、严要求。

5.15.2.1　油系统设备检修安装

（1）主油箱及冷油器到现场后，认真检查其各开口是否封闭严密，将各敞口处封堵。主油箱内涂层无脱层、鼓包现象，将内部管道逐件解体，认真清理检查。清理时，先用干燥洁净的压缩空气吹扫，吹扫干净后，再用白绸布逐件抽拉清理。回装前，将每一零部件做彻底的清理，无油垢、夹渣、脱层等现象。设备和管道回装时，应有质监部门和有关单位的检查许可。之后，可正式安装。

（2）将冷油器解体后逐件进行清理。将冷油器的水侧、油侧、冷却管及管板等均彻底清理干净，无留有型砂、焊渣、油漆膜、锈污等杂物，清理后逐件验收组装，组装完毕后，将所有外露孔洞全部封闭，防止任何杂物进入。冷油器严密性检查用干燥、洁净的压缩空气或氮气做风压试验，这样可保证内部清洁干净，给油循环创造良好条件。

（3）设备管道凡是法兰连接处均做法兰检查，其法兰整圈有连续不断的接触，垫片均采用耐油石棉垫，螺栓紧固均匀，无偏斜，防止漏油后再处理，造成二次污染。

5.15.2.2　油系统管道的安装

（1）阀门检修

油系统用的所有阀门，均在现场解体检修、清扫，做到无铸造、加工和组件遗留杂物。盘根和密封垫的材质应符合要求，如不符合要求，应更换。

（2）油管安装

1）在安装中注意对敞口的管段及时封闭。对口焊接时要打磨坡口，对口间隙要均匀，防止错口。施焊前，对管子坡口处内外管壁清除油漆、污垢和锈蚀等物，用白绸布抽拉，彻底清理干净后，通知质检部门检查，检查合格后，方可焊接。

2）回油管安装方位符合设计要求，支架正确支撑内部油管。回油管水平段顺油流方向按设计要求留有坡度，为 30‰～50‰。尽量放大坡度，以利油流通畅。

3）内部小管安装前，进行彻底的清扫。先用压缩空气吹，再用白布拉擦，必要时，用汽油、酒精或丙酮逐根清理管道内部，经验收合格后，方可就位对口。

4）管径在 φ50 以上的管道全部采用氩弧焊打底电焊盖面工艺，无对口间隙超标或错口，无凹陷，无指甲缝和焊瘤等现象。内部管道焊接完毕后，立即彻底清除焊瘤、焊渣、

焊药皮、飞油物和氧化皮等杂物。每道焊口均检验合格，无裂纹、砂眼、气孔、夹渣和未焊透现象。焊缝外表美观、平滑。每个套装油管接口处的全部内部油管焊接完毕，并检验合格后，方可进行套管的封焊工作。套管封焊前再做一次检查清扫。

5）每天施工结束后对管道的所有开口部位加盖塑料罩帽，保证管道内部清洁。

5.15.2.3 油系统冲洗及油循环施工

（1）汽轮发电机组安装完毕后，油系统经过净化，清除油系统内杂物，保证油系统清洁。只要在安装过程中保证设备、管道内部的清洁，再辅以合理的油冲洗方法，即可在短时间内使油质达到要求。

（2）油系统冲洗循环分三步进行，即反冲洗、正冲洗和油循环。反冲洗是以粗冲洗为目的，主要冲洗各进油管，冲洗的次数和油质清洁度无严格要求。正冲洗以整个系统为冲洗对象。油循环不进轴瓦，检查后确保无杂质。

（3）取样和检验。在机组投入盘车前、整套启动前，分别连续抽取油样3次，每隔2h取一次，经检验达到合格标准后，出具正式检验报告，方可进行下一步工作。施工单位负责提取油样，质检部门和甲方有关人员监督，油样由国家承认的试验室来检验，并出具正式检验报告。

5.15.3 冷却系统施工

5.15.3.1 电机的使用及安装

（1）冷却塔专用电机是在高温水雾中工作，故机件各个部位应严格密封，以保证电机内部干燥，不受潮湿。此外，应定期测量绝缘电阻，如果低于0.5MΩ，必须进行绕组干燥处理，干燥处理温度不超过120℃。

（2）当电机的过热保护及短路保护连续发生动作时，应查明故障是来自电动机，是超负荷，还是保护装置整定值太低，消除故障后，方可投入运行。

（3）应保证电机在运行过程中有良好的润滑，一般运行5000h左右，补充或更换润滑脂（密封型轴承在使用寿命期限内，不必更换润滑脂）。运行中发现轴承过热或润滑脂变质时，应及时更换润滑脂。

（4）当轴承的寿命终了时，电动机运行时的振动及噪声将明显增大，应检查轴承的径向间隙。

（5）电动机连续运转8000h应更换骨架油封。

（6）拆卸电动机时，从轴伸端取出转子，从定子中抽出转子时，应防止损坏定子绕组或绝缘。

（7）若电动机绕组损坏，必须按照原绕组的形式尺寸、匝数及线规等更换。随意更改原绕组设计，都会导致电动机性能变化，或电动机无法使用。

5.15.3.2 风机的安装

安装前应检查叶片是否变形和安装角度是否与安装要求相符，如叶片不对称则会增加振动和噪声，且影响性能。风机出厂前已完成静平衡，现场装配时，必须保证叶片与轮毂法兰对号安装、连接螺栓螺母，不得随意互相调换。安装时，应将整台风机装好后，再与减速器连在一起。在任何情况下，绝对禁止采取有损风机（如锯叶片等）的措施，尤其是风机上的平衡垫圈，不得去掉和更换，以免影响风机的性能和破坏静平衡。

5.15.3.3　减速器

（1）安装运行

1）装塔前要检查减速机功率、转速及风机型号与塔是否匹配。

2）减速机安装时，必须使风机轴位于风筒中心，风机叶尖不得摩擦或碰撞风筒。

3）开机前要检查各连接螺栓有无松动，特别是风机紧固是否牢靠。

4）转动风机叶片，检查叶尖是否与风筒摩擦，轴承处有无不正常响声。

5）试运行前减速机需加注 N100GB5903-86 负荷工业齿轮油至液位指示器正常值处。

6）试运转时，要先点动电机，检查风机转向，从风机上方看是否为顺时针转向，方向不对时要把电机的两相接线对调。

7）试车风机平稳后，要检测电机三相工作电流，一般应是额定电流的 90%，如超过额定电流应停机。风叶角度可调的，要调好风叶安装角度；不可调的，要换风机。

8）试运转 2h 后，停机检查有无连接螺栓松动或其他现象，待一切正常后，方可继续运行。

（2）维护保养

1）正常运行：新塔运转 25～30d 需要更换齿轮油，以后每年更换一次。

2）减速机油温不得高于 80℃，温升不大于 40℃，如果超标应停机检查，每天应检查油位一次，缺失应及时补充。

3）根据实际运行时间，每 6～12 个月加一次锂基润滑脂于轴承油封处。

4）每年检修一次轴承和油封，发现损坏应及时更换，并添加锂基润滑脂。

5.15.3.4　冷却塔的整体安装

应按设备的装箱单核对型号、规格以及零配件是否准确。检查设备的基础尺寸是否与设备符合，荷载是否达到安装要求。当基础的荷载、尺寸、位置、标高符合要求后，将支架置于基础上，套上地脚螺栓，调整支架的纵横中心位置与设计位置相一致。冷却塔的安装应平稳，地脚螺栓固定应牢固。冷却塔的出水口及喷嘴的方向和位置应正确，布水均匀。冷却塔的安装必须严格执行防火规定。

5.15.3.5　安装注意事项

（1）逆流式塔进出水管的方向可在水平位置上任意选定，但不得碰撞基础。中间有基础的，其负荷应为运转重量的 25%，其余的 75% 由外围长方形基础平均承担。

（2）水塔安装位置必须通风良好。

（3）水塔安装位置须预留足够的空间，以便配管与主机连接。

（4）水塔安装必须保持水平，各部位连接必须将螺母锁紧。

（5）塔体入风侧须远离障碍物，避免风阻过大，风量不足。

由冷却塔排出的湿热空气不会被吸入冷却塔内。冷却塔的排气口和障碍物间的距离应为 5m 以上。

（6）塔体与进出水管的连接处应设支架，防止过多的重量压在塔壁上。

（7）风机叶片在安装、使用前应做调整，保证角度一致。方法为在靠近叶尖 150mm 处，对每根叶片的前后两缘分别做一标志，再由支架下弦分别测每根叶片前后两缘的距离，以计算出各叶片折点前后缘的高差，通过数次调整使高差达到一致即为合格。

（8）电机接线后要密封接线盒，并注意电流测试值不超过电机额定电流。

（9）启动冷却塔时一定要先开水泵，后开风机，不允许在没有淋水的情况下使风机运转。风机可短时低速倒转消冰。

（10）冷却塔运转时，应有专人管理，经常注意电流、水温的变化，对电机、减速机、布水及收水装置等定期检查。

5.16 调试施工技术

5.16.1 分系统调试施工技术

5.16.1.1 锅炉系统调试内容
（1）空压机及其系统调试。
（2）锅炉风机联合试运转及冷态通风试验调试。
（3）锅炉天然气点火系统调试。
（4）锅炉煮炉调试。
（5）锅炉吹管调试。
（6）锅炉除灰渣调试。
（7）锅炉吹灰系统调试。
（8）反应塔及其系统调试。
（9）除尘器及其系统调试。
（10）制浆及其系统调试。
（11）SCR 及其系统调试。
（12）干法及其系统调试。
（13）活性炭及其系统调试。

5.16.1.2 锅炉整体启动调试内容
（1）锅炉蒸汽严密性试验及安全阀整定调试。
（2）锅炉整套启动调试。
（3）锅炉专业反事故调试。

5.16.1.3 汽机分系统调试内容
（1）开式冷却水系统调试。
（2）汽机凝结水及补水系统调试。
（3）循环水系统调试。
（4）电动给水泵组及其系统调试。
（5）汽机润滑油、顶轴及盘车装置系统调试。
（6）汽轮机调节保安及控制油系统调试。
（7）主蒸汽及汽轮机旁路系统调试。
（8）汽机抽汽回热系统调试。
（9）汽机真空系统调试。
（10）汽机轴封系统调试。

5.16.1.4 汽机整套启动调试内容

（1）汽轮发电机组整套启动调试。

（2）汽机甩负荷试验调试。

5.16.1.5 电气分系统调试内容

（1）直流及 UPS 系统调试。

（2）发电机同期系统调试。

（3）主变保护系统调试。

（4）发电机保护调试。

（5）发电机励磁调试。

（6）厂用送配电系统调试。

（7）保安电源系统调试。

5.16.1.6 热控系统调试内容

（1）热控系统调试内容。

（2）分散控制系统通电及复原调试。

（3）计算机监视系统调试。

（4）顺序控制系统调试。

（5）锅炉炉膛安全监控系统调试。

（6）模拟量控制系统调试。

（7）汽轮机监视系统（TSI）及保护系统（ETS）调试。

（8）汽轮机数字电液控制系统调试。

（9）机组附属及外围设备控制系统调试。

（10）机电大连锁试验调试。

（11）热控及事故调试。

5.16.2 联合调试施工技术

（1）联合调试前准备：包括准备联合调试计划、确定调试人员、制定调试大纲、安全措施和应急预案等。

（2）联合调试步骤：按照联合调试计划，将设备和系统按照一定的顺序逐步调试，包括锅炉系统、汽机系统、电气系统、热控系统等。

（3）联合调试中的注意事项：对调试过程中的问题和解决方案进行记录和整理；及时与其他部门和人员沟通、解决问题。

（4）联合调试后工作：完成联合调试后，对调试数据进行分析和整理，制定完善的运行方案和维护计划，确保设备和系统的稳定运行。

总之，联合调试施工技术是生活垃圾焚烧电厂建设和运行中不可或缺的一环，需要精心设计和认真实施，以确保设备和系统的安全、稳定运行。

6 建筑垃圾处理厂施工技术

建筑垃圾处理厂接纳生活垃圾炉渣与建筑垃圾合并进行资源化利用，接收的垃圾种类主要包括旧建筑物拆除建筑垃圾和建筑施工废弃物，以及园区生活垃圾焚烧发电厂的炉渣。采用固定式处理设施（"粗筛分＋破碎＋分选＋综合利用"的组合方式）和移动式处理设施（"破碎机＋筛分机"的组合方式），产品拟作为路基垫层和混凝土料综合处理。处理后的建筑垃圾作为再生骨料，生产混凝土、混凝土砌块及无机混合料。

建筑垃圾处理厂主要由原料车间、预处理车间、制砖车间等建（构）筑物组成。

6.1 关键施工技术

建筑垃圾处理厂的关键施工技术为设备基础的预留预埋。

6.1.1 设备基础螺栓预埋

（1）基础采用直埋地脚螺栓方式与上部结构连接，地脚螺栓施工精度直接影响上部的安装，它的固定是一个很关键的工序。

（2）采用地脚螺栓预埋支架与测量仪器直接精调的方法施工。

（3）预埋件制作大样图见图 6.1-1。

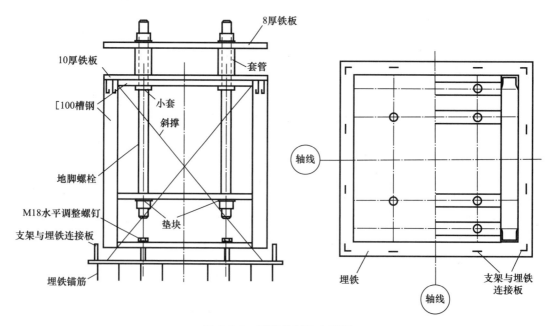

图 6.1-1　预埋件制作大样图

（4）在 10mm 厚铁板上画出精确的纵横轴线，与 8mm 厚铁板一起用机械加工出孔径大于地脚螺栓直径 1mm 的 4 个基准孔。由于现场安装是以 10mm 厚铁板面的纵横轴线作为支架中整组螺栓的基准，因此，纵横轴线与四个地脚螺栓孔，决定整组地脚螺栓的预埋精度。为节约钢材，可在 8mm 厚铁板面上加工出多组地脚螺栓基准孔，以便重复使用。

（5）在每个支架与地脚螺栓组装前，先将支架水平度与垂直度调整好，把 10mm 厚铁板面上的纵横轴线引伸到支架下端（现场安装初调用）。组装顺序是：在 10mm 厚铁板面上放套管和 8mm 厚铁板，地脚螺栓上端带上小套，穿进孔内，拧上螺母，把螺栓高度按要求调准。然后，在下端两根槽钢套上螺栓，套上垫块及螺母。槽钢两端与支架焊牢，拧紧螺母。此时支架中四根螺栓上端带牙段应是垂直的。再把螺栓下端垫块，螺母上端套管与槽钢焊牢，拆除 8mm 厚铁板和套管，整架组装结束。

（6）现场安装的程序

1）把组装好的螺栓支架运到现场，按编号吊进基础内。

2）以基础埋铁面的纵横轴线和实测标高为基准进行初调。

3）用水准仪测量，调整螺栓支架水平标高。

4）同时用两台经纬仪分别以柱纵横轴线为基准，直观精调螺栓支架，直到 10mm 铁板面上纵横轴线与柱纵横轴线完全重合，然后，用小块铁板把支架四周与埋铁连接焊牢，用 ϕ22 钢筋作为螺栓支架斜撑与埋铁焊牢，使螺栓支架有足够的刚度，以确保二次混凝土浇筑时支架不偏移。

5）检查合格后，将螺栓上 10mm 厚铁板拆除回收，以便下次再用。把纵横轴线引伸到支架顶槽钢面上，为以后测量留下基准。

6.1.2 预埋件预埋

（1）基础施工前仔细核对图纸，绘出预埋件安装图。预埋件安装前，应对钢板及锚固钢筋的规格、数量、尺寸和焊接质量进行检查。

（2）根据以往施工经验，土建施工时设备基础预埋钢板标高容易发生偏差，造成后期设备安装时需加设垫铁，为确保预埋钢板标高位置正确，混凝土浇筑前应安排专人对预埋件统一检查，保证预埋钢板的安装精度，同时，应将预埋件采取加钢筋支腿的方法固定，按照板顶标高焊牢，确保浇筑混凝土时不移位。对于大于 300mm×300mm 的预埋件，增设浇筑孔，保证预埋件处的混凝土浇筑密实、不空鼓。

（3）基础侧面预埋件采用在预埋件上钻孔，用自攻螺栓与模板固定。预埋件安装大样图见图 6.1-2。

（4）带角铁预埋件的模板封模时，先封带企口的两块模板，并检查预埋件与模板企口边齐平后方，再封其他面模板。

（5）对特大特重的预埋件，采用型钢支架固定。

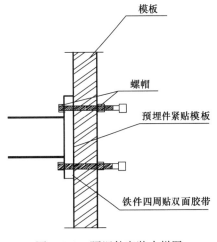

图 6.1-2 预埋件安装大样图

6.1.3 设备基础预留孔洞

预留孔洞采用木模板配制成定形模板，制作时略呈喇叭形，上口略大于下口，模板高于基础顶面 200mm。木盒子上口与加固模板的木方用钉子钉牢，下口用钢筋与对拉螺栓焊接固定。当预留孔洞较深时，可在模板顶部四面钻孔穿钢筋，以便于预留的孔洞模板顺利拔出。混凝土浇筑完毕后，应派专人负责在混凝土初凝后、终凝前拔出预留孔洞模板，保证混凝土不坍孔、无裂纹。

6.2 调试施工技术

6.2.1 分系统调试施工技术

（1）破碎系统设备调试

1）对破碎机进行初步检查，包括各部位的紧固螺栓和连接部位是否牢固，电动机和传动部件是否正常，设备是否处于正常工作状态等。

2）进行试运转。启动破碎机后，应先不加料转动一段时间，检查各部位的运转情况是否正常。

3）进行空载试运行。调整破碎机的出料口和进料口的位置和角度，使破碎机达到最佳的破碎效果。

4）进行带料试运行。将适量的原材料放入破碎机中进行试运行，观察破碎效果，如有不良现象，及时进行调整。

5）进行负载试运行。根据原材料的特性和破碎机的规格，适当调整破碎机的转速和进料速度，使其能够达到最佳的生产效率和破碎效果。

6）检查破碎机的各部位和配件，如皮带、轴承、齿轮、润滑装置等，确保其正常运转。

7）对破碎机进行性能测试，测定其破碎效率、产量、能耗等指标，评估其工作质量和经济效益。

（2）分选系统设备调试

1）对分选机进行初步检查，包括各部位的紧固螺栓和连接部位是否牢固，电动机和传动部件是否正常，设备是否处于正常工作状态等。

2）进行试运转。启动分选机后，应先不加料转动一段时间，检查各部位的运转情况是否正常。

3）进行空载试运行。调整分选机的出料口和进料口的位置和角度，使分选机达到最佳的分选效果。

4）进行带料试运行。将适量的原材料放入分选机中进行试运行，观察分选效果，如有不良现象，及时进行调整。

5）进行负载试运行。根据原材料的特性和分选机的规格，适当调整分选机的分选速度和进料速度，使其能够达到最佳的生产效率和分选效果。

6）检查分选机的各部位和配件，如振动器、筛网、气动系统等，确保其正常运转和有正常的工作状态。

7）对分选机进行性能测试，测定其分选效率、产量、能耗等指标，以评估其工作质量和经济效益。

（3）筛分系统设备调试

1）对筛分机进行初步检查，包括各部位的紧固螺栓和连接部位是否牢固，电动机和传动部件是否正常，设备是否处于正常工作状态等。

2）进行试运转，筛分机启动后应先不加料转动一段时间，以检查各部位的运转情况是否正常。

3）进行空载试运行，调整筛分机的出料口和进料口的位置和角度，使其达到最佳的筛分效果。

4）进行带料试运行，将适量的原材料放入筛分机中进行试运行，观察筛分效果，如有不良现象，及时进行调整。

5）进行负载试运行，根据原材料的特性和筛分机的规格，适当调整筛分机的筛分速度和进料速度，使其能够达到最佳的生产效率和筛分效果。

6）检查筛分机的各部位和配件，如筛网、振动器、电机、减速机等，确保其正常运转和工作状态。

7）对筛分机进行性能测试，测定其筛分效率、产量、能耗等指标，以评估其工作质量和经济效益。

（4）骨料系统设备调试

1）对骨料系统进行初步检查，包括各部位的紧固螺栓和连接部位是否牢固，电动机和传动部件是否正常，设备是否处于正常工作状态等。

2）进行试运转，启动骨料系统后应先不加料转动一段时间，以检查各部位的运转情况是否正常。

3）进行空载试运行，调整骨料系统的出料口和进料口的位置和角度，使其达到最佳的骨料输送效果。

4）进行带料试运行，将适量的骨料放入骨料系统中进行试运行，观察骨料输送效果，如有不良现象，及时进行调整。

5）进行负载试运行，根据骨料的特性和骨料系统的规格，适当调整骨料系统的输送速度和进料速度，使其能够达到最佳的生产效率和骨料输送效果。

6）检查骨料系统的各部位和配件，如输送机、电机、减速机、皮带等，确保其正常运转。

7）对骨料系统进行性能测试，测定其输送效率、产量、能耗等指标，以评估其工作质量和经济效益。

6.2.2 联合调试施工技术

（1）对各设备进行初步检查，包括紧固螺栓和连接部位是否牢固，电动机和传动部件是否正常，设备是否处于正常工作状态等。

（2）分别对破碎、分选、筛分及骨料系统进行单独的试运转和调试，确保各设备独立运转正常，以及各系统之间的连接和传输等是否正常。

（3）进行破碎、分选、筛分及骨料系统联合试运转，检查各系统之间的协调性和配合度，如有问题，及时进行调整，直至系统之间的协调性达到最佳状态。

（4）针对生产需要，适当调整破碎机、分选机、筛分机和骨料系统的进料速度、转速、生产能力等参数，以达到最佳的生产效率和产品质量。

（5）对破碎、分选、筛分及骨料系统进行综合性能测试，测定其生产效率、能耗、产品质量等指标，以评估其工作质量和经济效益。

7 有机垃圾处理站施工技术

有机垃圾处理站是对厨余废弃物经收集后送至预处理车间预处理，分离油脂、残渣后，达到厌氧发酵的进料要求。经预处理后厨余废弃物在中间储池混料、水解后，进入干式厌氧发酵罐发酵，有效利用有机质产沼气，回收资源。厨余废弃物预处理沥水、厌氧发酵、沼渣脱水产生废水，送至污水处理车间处理，达到污水综合排放标准后排入市政污水管网。对沼渣脱水进行高温无害化处理，实现沼渣减量化、无害化及资源化利用。

有机垃圾处理站包括预处理车间、干式厌氧发酵设施、中间沼液储池、沼渣脱水车间、综合水池、生化反应池、综合水处理车间、沼气柜基础、门岗、消防水池及消防泵房、除臭设备基础、火炬基础、地衡等。

综合水池、生化反应池、中间沼液储池池玻璃钢内衬防腐和厌氧罐施工为有机物处理站的关键性施工技术。

7.1 防腐施工

7.1.1 施工现场准备

（1）垃圾坑内所有脚手架须拆除，清理干净垃圾仓内所有杂物，方可入场施工。

（2）混凝土基层平整、牢固，应清除油渍、隔离剂、浮浆、浮灰、起砂、污渍等缺陷和杂物。

（3）光滑的混凝土面应打毛处理，并用高压水冲洗干净。

（4）将不密实混凝土凿除。对于大于 0.4mm 的贯穿裂缝，先别凿成 10mm×20mm 的 U 形槽，再用高压水枪清理混凝土表面，经过清洗的混凝土表面不得有有机物、悬浮物和残渣。

（5）对于螺栓孔部位，先清除垫块。必须割除钢筋头，割除后，钢筋头应至少低于结构表面 20mm。将孔洞内清除干净，然后用防水砂浆补平。

（6）将后浇带结构混凝土两侧施工缝缺陷部位别凿成 10mm×20mm U 形槽。

7.1.2 工艺流程

防水施工流程：基层处理→螺栓孔、裂缝修补→制浆→涂刷（刮抹）浆料→养护。

7.1.3 关键技术控制

7.1.3.1 玻璃钢粘贴

（1）玻璃钢施工前，表面处理必须达到规范要求。

（2）衬里前先进行打底，按照底料配方调至一定稠度，用毛刷从上到下进行涂刷一遍，涂刷时一定要均匀一致，促进胶液渗入到基层毛细孔中，以便下一道工序有更好的粘结力。涂刷完后自然固化 24h，经监理验收合格后再进行下一道工序施工。

7.1.3.2　衬布施工

（1）采用连续法进行衬贴，即第一层粘贴好后，第二层压到第一层的三分之二处，依次类推。

（2）衬底一层布之前先刷一道配好的胶液，涂刷胶液要均匀、仔细、迅速，纵横各涂刷一遍，以防漏涂。待其初步固化后即用胶料粘第一层玻璃纤维布，第一层布是从上到下竖衬，衬贴的布面要平整，然后用毛刷蘸取树脂胶液进行涂刷并使胶液浸透纤维布，且从玻璃布中间用刮板向两边赶出气泡和多余的胶料，使纤维布压实，不允许衬布有折皱和白点存在。

（3）贴衬的次序应先上后下，先立面后平面的原则进行。玻璃布搭接的宽度应≥50mm，每层玻璃布的搭接处应错开。

（4）一些特殊部位，如阴阳角与其他异形处，应将衬布剪开，使衬布与基体贴实平整，有玻璃钢防腐薄弱环节的需进行加强，应作特别处理。

（5）根据尺寸剪成纤维布条进行衬贴，待这层胶液初步固化后，经修补检查后方可贴衬下一层布。

（6）每层布的施工工艺按第一层布的施工工艺进行，纤维布相接部位必须上布压下布，按照以上工艺完成衬里施工。经监理验收合格后方能进行下道工序。

7.1.3.3　面漆涂装

（1）面漆涂层起防护作用，并使物面获得所要求的颜色和光泽，因此施工时要精细，必须严格按照施工配方配制，涂刷完工后，达到表面平整、光滑，涂刷时不流淌、不起泡、涂层均匀，以上工序全部完工后，常温固化 7d，方可投入运行。

（2）玻璃布应采用 0.2mm 厚的无碱（或中碱）无捻玻璃纤维平纹布，型号为 EWR-200，且应经脱蜡处理。玻璃布应严防受潮，含水率应<0.05%，且应平整、无破损、起毛、污渍等。

（3）涂料的涂刷方向应一致，涂层应均匀，无流挂、气泡、针眼、杂物（如刷毛、砂粒）等，且不允许漏涂。

7.2　厌氧罐施工

7.2.1　施工流程

厌氧罐施工流程图见图 7.2-1。

7.2.2　施工准备

（1）对厌氧罐分段加工及安装绘制底板排板图、壁板排板图。

（2）确定吊装机具。

（3）确定焊接工艺。

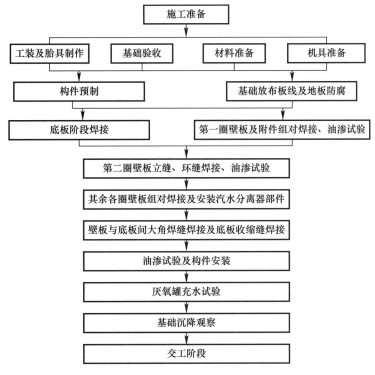

图 7.2-1 厌氧罐施工流程图

7.2.3 关键技术及控制要点

7.2.3.1 储罐起升机具的确定

氧罐起升机具的确定

按储罐最大起升部分重量计算，采用 16 个捯链，则每个吊点的最大负荷为：

$$Q_1 = [(罐体总重量 - 底板重量) \times K(综合系数) \div 16] \div \cos\alpha \qquad (7.2\text{-}1)$$

式中：α——吊装倾角。

每个吊点吊装载荷为：

$$Q_1 = [(56.346 - 10.135) \times 1.32 \div 16] \div \cos 5.71° \approx 4.54(t)$$

桅杆的计算按下式进行：

$$\delta = P/\varPhi \times F + M/W < [\delta] \qquad (7.2\text{-}2)$$

式中：δ——立柱吊装所受应力；

P——立柱承受的最大荷载；

$\varPhi$——折减系数；

F——受压面积；

M——偏心弯矩；

W——抗弯截面系数。

经计算可选用起重量为 5t 捯链。捯链经检查必须合格，使用状况必须良好。选用 $\phi219 \times 6$mm 无缝钢管，制作 8 根桅杆，选用起重量为 5t 的捯链 16 个，8 根桅杆均匀布置在罐壁内，桅杆之间用角钢连接成整体，并与罐底板焊接牢固。

结论：考虑安全系数和不确定因素等。选用起重量为 5t 捯链 16 个较合理。

7.2.3.2 胀圈及拱顶胎具的制作

胀圈是对罐体进行圆周加固的圆圈组合件，其刚度必须要足以抵抗壁板变形趋势，不然会影响罐体壁板的外观质量。在起吊或顶升罐体时，胀圈将受到径向力的作用，要考虑防止变形。厌氧罐可采用 20 号槽钢。胀圈应煨成与罐壁内直径相同弧度，按罐内壁圆周长等分为 4 段，各段胀圈间接缝处设 4 台 30～50t 千斤顶将胀圈顶紧、胀圆，在顶胀处设有导向板，可避免千斤顶在顶胀时出现跑偏，使罐体壁板变形，影响罐体壁板的组对误差超标等情况出现。胀圈制作大样图见图 7.2-2。

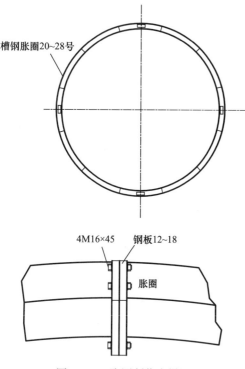

图 7.2-2　胀圈制作大样图

7.2.3.3 罐体组成件下料预制

（1）底板的下料预制

1）底板的下料应严格按排板图和下料图的尺寸在合格的钢板上进行画线并经检查确认后进行切割。下料采用半自动火焰切割，弧形线下料采用手工下料。坡口加工采用气割、砂轮磨光机进行。钢板边缘加工面应平滑，不得有夹渣、分层、裂纹及熔渣等缺陷，火焰切割坡口产生的表面硬化层应磨除。

2）底板防腐：罐底板的防腐涂刷两遍环氧煤沥青底漆，除锈采用手工除锈，除锈后钢板表面经检查达到要求后方可进行环氧煤沥青底漆的涂刷。每道漆干后方可进行下道漆的涂刷。每道漆干膜厚度不得小于 $70\mu m$，总干膜厚度不得小于 $150\mu m$。

（2）壁板的下料预制

壁板按排板图尺寸在合格的钢板上进行准确画线，经确认后采用半自动切割机进行下料，经检查合格后进行坡口，坡口合格即使用卷板机对罐体壁板进行预弯压头和卷圆。卷制时，卷板机上辊应光滑整洁，不得使钢板表面有伤痕、油污等缺陷。

壁板卷制时应压好钢板两端接头的弧度（也可将板端接长卷头），否则壁板间的接头会出现棱角现象，具体方法可先用厚钢板压制成与壁板弧度相同的模板，在卷壁板时应先将模板放入卷板机后再将待卷的壁板放入，同模板一起卷制，这种方法可以使壁板的两端较好的成型，避免出现直边或桃尖。壁板滚弧时应用前后拖架，卷制成型后应直立于平台上，水平方向用弦长 2m 的弧形样板检查，其间隙不得大于 4mm；垂直方向用 1m 的直线样板检查，其间隙不得大于 1mm，上口平面度误差小于 1mm，垂直度误差小于 1mm。确认合格后，将其放在专用的弧形托架上。壁板尺寸测量部位图如图 7.2-3 所示，壁板尺寸允许偏差如表 7.2-1 所示。壁板堆放示意图如图 7.2-4 所示。

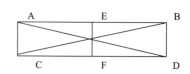

图 7.2-3　壁板尺寸测量部位图

壁板尺寸允许偏差	表 7.2-1
测量形式	误差（mm）
宽度：AC、BD、EF	±1
长度：AB、CD	±1.5
对角线误差：AD、BC	≤2
直线度：AC、BD	≤1
直线度：AB、CD	≤2
坡口角度偏差	≤±5°

（3）构件预制

1）包边槽钢、角钢预制

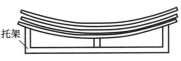

图 7.2-4 壁板堆放示意图

本工程中厌氧罐设计采用包边槽钢及角钢。包边槽钢的制作方法是用卷板机配合模具卷制而成，在制作平台上按照图纸尺寸放大样，卷制的槽钢圈与大样相符为准。包边角钢制作采用在平台上用捯链配合模具煨制成型的方法。即在钢平台上按设计尺寸放样，放样尺寸可比设计略小，以此抵消煨制成型后的包边角钢的回弹变形。用若干三角挡块依放样线安装做成模型，相邻挡块间距 100～200mm 为宜。将角钢平放在钢平台上，用挡块将角钢的一端卡牢，捯链固定在角钢的另一端，煨制时拉动捯链将角钢的逐段与挡块模型贴合紧密，并辅助用火焰加热定型，在加热过程中用榔头反复敲打，以消除应力，必要时在钢平台上加斜铁固定角钢平面，以控制角钢的翘曲变形，成型后待包边角钢冷却后才能拆除工装约束。

2）分离器的制作严格按照图纸尺寸。

3）盘梯在预制场下料预制，主要是对其内外侧板和踏步板进行预制，安装时随罐壁板的安装同步分段进行。

7.2.3.4　底板铺设

（1）底板的下表面用手工除锈，经甲方监理共检验合格后涂刷第一道环氧煤沥青底漆，应注意每块板的边缘 50mm 的范围内不刷，待漆层表面干燥后涂刷第二道环氧煤沥青底漆，直到漆层实干后并经共检合格，填写隐蔽记录并经甲方和监理方签字认可后方可进行底板铺设。

（2）根据基础的坐标线和排板图的方位，在基础上进行布板放线（底板周线和中幅板十字线），按排版图在储罐底中心板上画出十字线，十字线与储罐基础中心十字线重合，在储罐底中心板的中心打上样冲眼，并做明显的标记。

（3）按排板图首先将中幅板画好搭接线，然后由储罐底中心板向两端逐块铺设中间一行中幅板，然后从中间一行开始，向两侧逐行铺设中幅板，每行中幅板应由两侧依次铺设。

（4）为补偿焊接收缩，储罐底的底板铺设直径应比设计直径大。

（5）储罐底底板焊后其局部凹凸变形不应大于变形长度的 2‰，且不超过 50mm。

（6）底板铺设完成后，应将储罐体基础的十字中心线返到底板上，然后以储罐底中心点为圆心以储罐壁安装内半径为半径画出壁板安装定位周线，按定位周线进行壁板安装，确保安装的罐体中心与基础中心重合。

7.2.3.5　壁板组装

（1）首先确定壁板的安装半径，壁板安装半径确定示意图如图 7.2-5 所示，安装半径的计算公式如式（7.2-3）所示：

$$R_1 = (R + n \times a/2 \times \pi)/\cos\beta \qquad (7.2\text{-}3)$$

式中：R_1——壁板安装内半径；

R——储罐的内半径；

n——壁板立焊缝数；

a——每条立焊缝的收缩量，手工焊取 2，自动焊取 3；

β——基础坡度夹角。

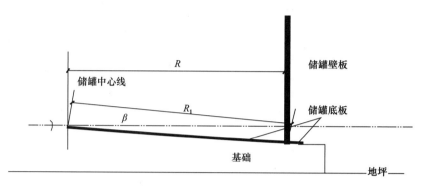

图 7.2-5　壁板安装半径确定示意图

（2）按照安装圆内半径在储罐底画出圆周线以及对应底板 0°线的首张壁板为起点，标出每张壁板的安装位置线，并在安装圆内侧 100mm 画出检查圆线，并打样冲眼做出标记；组装顶部第一节壁板前应在安装圆的内侧焊上挡板，挡板与壁板之间加组对垫板示意图见图 7.2-6。

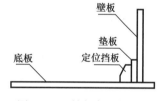

图 7.2-6　挡板与壁板之间
加组对垫板示意图

垫板厚度按式（7.2-4）计算：

$$\delta = n \times a/2\pi \qquad (7.2\text{-}4)$$

式中：δ——垫板厚度；

n——壁板立焊缝数；

a——每条立焊缝的收缩量，手工焊取 2、自动焊取 3。

（3）在壁板上应按组装夹具及吊装夹具位置画线，在壁板组立前，在存运胎架上安装方帽，龙门板及蝴蝶板，壁板的吊装用履带式起重机车进行吊装，并使用吊梁。

（4）壁板的立缝、环缝组对示意图见图 7.2-7。

（5）壁板应逐张组对，每张安装三个加减丝以调节壁板垂直度。安装纵缝组对卡具及方楔子，用以将壁板固定。整圈壁板全部组立后调整壁板组对错边量、上口水平度及壁板垂直度，1m 高处任意点半径的偏差不得超过 32mm。相邻两壁板上口水平的允许偏差不应大于 2mm；在整个圆周上任意两点水平的允许偏差不应大于 6mm；壁板的垂直允许偏差不大于 3mm；纵向焊缝的错边量，不大于 1mm。

（6）顶部第二节壁板至底圈壁板的组装方法参照顶部第一节壁板的组装，环缝安装组对用环缝组装卡具进行，通过储罐内顶升装置调节上、下带壁板的对接环缝的间隙，间隙应符合焊接要求。环缝的错边量（不同厚度的壁板环缝组对以储罐内壁板齐平为准）<1mm。组装各圈壁板前在储罐周设置活动操作平台以便进行环缝组对焊接。在进行每圈壁

板吊装布板前，将活动平台放下以便进行布板和组对立缝。壁板立缝应采用夹具组对示意图见图 7.2-8。

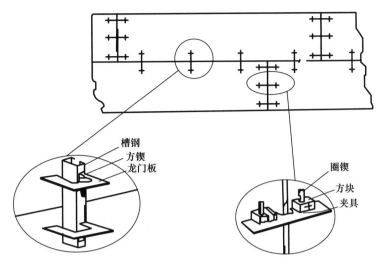

(a) 立缝、环缝租装夹具示意图

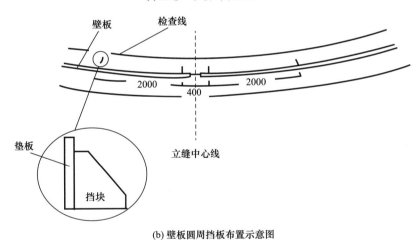

(b) 壁板圆周挡板布置示意图

图 7.2-7　壁板的立缝、环缝组对示意图

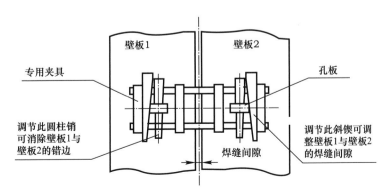

图 7.2-8　壁板立缝应采用夹具组对示意图

（7）壁板拼装周长尺寸控制

为了有效提高组装质量，应对组装周长进行严格的控制。组装时应准确计算周长、每张板的长度、焊缝间隙，设置定位垫板，待焊最后一条立缝前，测量外径周长和该圈壁板上口定位周线的偏移度，确保焊接完成后，总体几何尺寸检验时能达到验收标准。

7.2.3.6 包边槽钢

包边槽钢安装前先在钢平台上进行校核，将各段的弧度、翘曲度分别进行校核，并用弧形样板检验合格后再逐段安装。安装时让其与壁板上沿口自由贴合紧密，并用卡具依次卡紧，严禁强行组对，待角钢圈组对封闭后再进行定位焊，对接焊缝的焊接应在包边槽钢的定位焊之前完成。在进行包边槽钢布置时应注意对接焊缝与壁板立缝相互错开200mm以上。

7.2.3.7 厌氧罐的附件安装

（1）所有配件及附属设备的开孔，接管等，均应在试压试漏前安装完毕；罐壁开孔补强圈外缘到环焊缝、纵焊缝的距离应符合要求。

（2）安装开孔接管应保证和罐体轴线平行或垂直，偏斜不大于2mm。接管上的法兰面应平整，不得有焊珠及径向沟痕，法兰面应保证水平或垂直，倾斜面不大于法兰直径的1/100（直径不足100mm按100mm计），最大不超过3mm。

（3）气水分离器安装应按图纸标高要求施工，先画分布点，分布点必须均匀，用捯链提升安装，焊接要严密不得有气孔夹渣，钢板、管材下料加工应采用机械切割，如采用火焰切割，应清理干净钢板边缘及管端的氧化物。

（4）补强板安装前应按设计要求钻好气孔，无要求时，焊接时应在补强板下方留出排气点，严禁排气点留在上方，防止进水。

（5）应按设计要求焊接，每道焊完应待其完全冷却后方可进行第二道焊接，焊肉应饱满，不能漏焊，焊后将药皮、飞溅清理干净。螺栓连接的构件，其螺栓孔应采用机械钻孔，确保连接质量。

（6）防腐前应清理干净金属表面锈蚀、泥土等杂物后，方可涂刷防锈材料。

7.2.3.8 厌氧罐倒装法提升装置的安装

（1）提升装置设置的位置应符合以下要求：

应按罐内圆周均等设置，任意相邻装置之间的距离允许偏差应小于30mm。

装置的吊点（提升点）与罐壁的水平距离应尽可能地小，且所有装置的吊点（提升点）到罐壁的水平距离应相等，其允许偏差不得超过5mm。

（2）每个装置的主柱（杆）必须设立垂直，其不垂直度允许偏差<1‰。

（3）装置必须安装牢固，底座板、撑杆、拉杆、吊耳、提板的强度必须符合要求，连接必须牢固可靠。

（4）液压提升装置的液压油路管道内必须洁净，所有接头安装必须密封，升降部件应灵活无阻，上下锁卡必须正常可靠，安装完后应进行试升降运行和同步调整，符合要求后方可使用。

7.2.3.9 厌氧罐的检查及充水试验

罐体几何形状允许偏差见表7.2-2。

罐体几何形状允许偏差   表 7.2-2

序号	项目	允许偏差要求	备注
1	罐壁高度	±0.5%	
2	直径偏差	≤±19mm	
3	罐壁垂直度	0.4%，≤50mm	
4	罐底局部凹凸度	不大于变形长度的 2/100，≤50mm	
5	罐壁局部凹凸度	间隙≤10mm	用弦长 1.5m 样板

7.2.3.10 厌氧罐底板真空检查

罐底焊缝采用真空箱法进行致密性试验，其真空度不低于 53kPa，罐壁所有焊缝均应进行煤油渗透试验。

真空试验仪器是由橡胶软管把真空箱及真空泵连接组成，真空箱是一个下部开启，上部用厚有机玻璃紧密封的扁金属箱，箱的下边粘压有海绵状泡沫橡胶圈带，使金属箱紧贴在被检验钢板上。真空箱检验时先在被检验的焊缝部分抹上肥皂水（焊缝必须先清洗干净），然后压上真空箱并用泥密封，并开动真空泵进行抽气，使真空箱内空气稀薄，用真空表测定使试验负压值不得低于 53kPa，如焊缝有不严密的地方则外部空气会由这些不严密处进入真空箱，在焊缝上出现肥皂泡。用粉笔做记号，缺陷焊缝部分经砂轮打磨清除后进行重新补焊，每次测试段重复距离不小于 50mm。

7.2.3.11 罐体充水、负压试验

（1）罐体充水试验在罐体及所有附件的焊接工作完成后进行，充水试验前所有与严密性试验有关的焊缝均不得涂刷油漆。充水试验宜采用淡水，水温不应低于 15℃。正负压测量采用 U 形管压力计。

（2）在进行罐壁的强度及严密性试验时，罐内充水到储罐设计最高液位，并保持 48h后，罐壁无渗漏、无异常为合格。

7.2.3.12 充水试验过程中的基础沉降观测

（1）充水试验过程中应加强基础沉降观测，如基础发生不允许沉降，应停止充水，待处理后方可继续试验，新建罐区每台罐充水前均应进行一次沉降观测。

（2）对坚实地基基础，预计沉降量很小时，可快速充水到罐高的 1/2 进行沉降观测，并与充水前的数据对照，计算出实际的不均匀沉降量。当未超过允许值时，可继续充水到罐高的 3/4 进行观测，当仍未超过允许的不均匀沉降量，可继续充水到最高操作液位分别在充水后和 48h 后进行观测，当沉降量无明显变化即可放水；沉降量有明显变化时，则应保持在最高水位，进行每天的定期观测，直到沉降稳定为止。

（3）对软地基基础，预计沉降量超过 300mm 或可能发生滑移失效时，应以 0.6m/d的速度向罐内充水，当水位高度达到 3m 时，停止充水，每天定期沉降观测并绘制时间/沉降量的曲线图，当日沉降量减少时，可继续充水，但应减少日充水高度，以保证载荷增加时，日沉降量仍保持下降趋势。当罐内水位接近最高操作液位时，应在每天清晨做一次观测后再充水，并在当天傍晚再做一次观测，当发现沉降量增加，应立即把当天充入的水放掉，并以较小的日充水量重复上述的沉降观测，直到沉降量无明显变化，沉降稳定为止。

（4）本次施工的储罐基础的圆周均匀设置 12 个沉降观测点，储罐在安装前应对基础

的各观测点的数据进行测量并做好记录，在储罐全部施工完毕充水前再进行一次各观测点的数据测量，将观测点的标高进行测量并将测量时间、测量人、测量数据等做好记录；在充水过程中按设计要求进行测量，如无具体要求应在水位达到罐高度的 1/4、1/2、3/4 时停止灌水进行测量，并做好记录；在水灌满后进行沉降测量，并在 48h 后再进行测量，放水后再进行测量；每次测量后的数据应与前次测量的数据进行对照，如无问题后方可进行下一步工作，如发现异常现象应查明原因并做好妥善处理后方可进行下面的工作；充水后各项检查完毕，应缓慢放水，放水到调整支柱水位时，暂停放水进行浮顶支柱的调整。放水后，对罐底内进行清扫。

8 污水处理厂施工技术

污水通过厂区内调节池调节后,用泵送至生化池,依次经过反硝化池(A池)与硝化池(O池),对水中主要污染 COD、BOD、氨氮、总氮进行去除,出水进入二沉池,将沉淀泥送至污泥池,污泥池排泥泵设置旁通管道,可将污泥返回 AO 池,补充 AO 池中污泥浓度。为降低出水 SS,二沉池出水进入混凝沉淀池,对悬浮物再次进行去除,其上清液进入出水池,通过泵将其送至园区出水管网。

污水处理厂生产构建筑物包括调节池,AO 池,二沉池,混凝沉淀池,组合池,污泥池,污泥浓缩池,综合处理车间(污泥脱水间、鼓风机房、加药间、储药间、配电室、中控室、备品备件间、进水在线监测室、出水在线监测室、化验室),除臭系统。

8.1 关键设备安装

8.1.1 粗、细机械格栅安装

(1)安装程序:基础验收→基础放线→机械格栅安装→找正、找平→组装固定就位→二次找正。

(2)基础验收应按照设计图纸,结合机械格栅的外形尺寸进行检查验收,重点检查渠道的几何尺寸、侧壁垂直度、渠道底部的标高及水平度。格栅安装的平面位置偏差应小于±20mm,标高偏差不大于±20mm,二侧槽的平行度偏差不大于±20mm。

(3)基础放线:按照设备平面位置图放线,在渠道侧壁标注机械格栅安装角度线,并运用三角函数进行校验。

(4)设立工具,将机械格栅整体吊入渠道内,结合机械格栅的底部、上部及角度线找正固定格栅。

(5)传动装置安装时,应调整传动轴及传动轮的平行度及同轴度在偏差范围之内,并调整传动链的松紧度,防止单机试车时,格栅跑偏或脱轨。

(6)阶梯式细格栅除污机,栅渣螺旋输送压实机应与细格栅配合确定进料口位置和安装高度,总长度可根据设计图调整,该机排水管就近接至格栅槽。排渣喇叭口可加工成上方下圆形状,再根据安装现场情况与输送机连接。

8.1.2 螺旋输送机及压榨机安装

(1)安装程序

基础验收→基础放线→螺旋输送机及压榨机安装→找正、找平

(2)设备安装

1)螺旋输送机及压榨机的初步就位应与格栅除污机卸料口位置对中,与格栅卸料口

用防护罩密闭装配，并检查格栅除污机截取的栅渣是否准确落入输送机的进料斗内。

2）螺旋输送机及压榨机的出料应能顺利卸至栅渣箱，不允许有栅渣跑漏现象出现。

3）螺旋输送机及压榨机的纵向水平度偏差应小于1/1000。定位准确后，将机架用膨胀螺栓与基础紧固。

4）螺旋输送机及压榨机的叶片转向应准确。

5）将螺旋输送机及压榨机的废水回流管引至格栅井，冲洗水管路应按要求连接管道，管路的管螺纹处无渗漏现象发生。

8.1.3 阀门安装

（1）安装程序：阀门检验→阀门安装→检验与调试。

（2）阀门安装

1）阀门安装前应进行清洗，清除污垢和锈蚀。

2）阀门与管道连接时，其中至少一端与管道连接法兰可自由伸缩，以方便管道系统安装后，阀门可在不拆除管道的情况下进行装卸。

3）阀门安装时与建筑物的一侧距离应保持300mm以上，阀底座与基础应接触良好。

4）阀门安装标高偏差应控制在±10mm范围内，位置偏移应小于±10mm，阀门应与管道轴向垂直，排列整齐，不得歪斜。

5）阀门安装后与管道法兰连接处应无渗漏。

6）阀门操作机构的旋转方向应与阀门指示方向一致，如指示有误，应在安装前重新标识。

7）检查阀门的密封垫料，应密封良好，垫料压盖螺栓有足够的调节量。

8）手动（或电动）操作机构应能顺利地进行阀板的升降，上下位置准确，限位可靠及时。

8.1.4 鼓风机及压缩机安装

（1）安装程序

基础校核→开箱检查→基础放线、平整→设备吊装就位→校正调平→减振器固定→拆检清洗→校正调平→附属系统安装→电气及控制系统安装→检查加油→试运转→隔声罩安装

（2）开箱检查

除设备安装一般规定要求外，叶轮、机壳和其他部位的主要安装尺寸应符合设计要求。风机进出口方向（或角度）应与设计相符，叶轮旋转方向和定子导流方向应符合设备技术文件的规定。风机所露部分各加工面无锈蚀，转子的叶轮和轴颈、齿轮的齿面和齿轮轴颈等主要零部件的重要部位应无碰伤及明显的变形。进气口和排气口应有盖板遮盖，并应防止尘土和杂物进入。

（3）配套的发动机、隔声、减振、过滤、紧急冷却及控制设备符合设计要求。

（4）整体出厂的风机搬运和吊装时，绳索不得捆绑在转子和机壳上盖或轴承上盖的吊耳上，解体出厂的风机绳索的捆绑不得损伤机件表面，转子以及齿轮的轴颈、测振部位均不应作为捆绑部位，转子和机壳的吊装应保持水平。

（5）基础和底座

1）复测基础尺寸、标高是否满足设计图要求，检查所有的预留、预埋是否符合安装条件。

2）鼓风机安装前，将机房内彻底清理干净，鼓风机房电动单梁桥式起重机试车交验完毕。复测预理及预留孔的尺寸、中心高程及平面位置。

3）校核基础施工的实际中心、标高和几何尺寸，并检查减振器支撑板着地处的水平度、高程。

4）鼓风机安装重点是单机水平度、机组位置。

5）采用方法：减振器基座顶面磨光，采用水平仪、水平尺核测。

（6）风机安装

1）将减振器用螺栓紧固在设备底座上。

2）将鼓风机用起重机吊在基础上，调整其位置，使其纵横误差在允许范围内，在基础上画出减振器支撑板在混凝土基础上的位置。

3）将鼓风机吊起，在支撑板位置处涂抹厂家提供的专用黏合剂，涂抹应适当，厚度要均匀。将机组再次吊起放在混凝土基础上，减振器应与其抹胶前位置标记严格对正、对齐，禁止水平方向移动，减振器与基础接触面良好，接触面积符合厂家规定的要求。

（7）拆检清洗

1）各机件和附属设备应清洗洁净，当有锈蚀时应消除，并应防止安装期间产生锈蚀。

2）压缩机应按设备技术文件规定进行脱脂处理。

3）拆检清洗均应在厂家现场技术代表指导下按设备技术文件的规定进行。

（8）找正调平

1）设备中心的标高和位置应符合设计的要求，允许偏差为±2mm。

2）设备安装的水平度偏差，其纵向安装水平度偏差为0.5/10000，并应在主轴上测量；横向安装水平度偏差不大于1/10000，并在机壳分面上测量。

3）机组非基准设备纵向安装水平应以基准设备为准，进行找正、调平，横向安装水平偏差不应大于0.10/1000。

4）其他附属设备安装应符合设备技术文件的规定。

5）管路与鼓风机或压缩机不强行连接。管路与机壳连接后，机壳不应受外力，连接后应复检鼓风机或压缩机的找正精度。

6）按照设备技术文件的规定，对所有油管润滑点密封、控制和与油接触的零部件进行循环冲洗。

8.1.5 污泥浓缩机及配套设备安装

（1）安装顺序

设备开箱检查→熟悉图纸与随机文件→污泥浓缩机安装→配套设备安装→配套管路安装→电气及控制系统安装→试运转。

（2）设备安装

1）污泥浓缩设备各单元装置安装时，安装位置和标高应符合设计要求，平面位置偏差不大于±10mm，标高偏差不大于±20mm。

2）设备的水平度允许偏差不大于 1/1000mm。

3）各单元装置的管路、阀的连接应牢固紧密、无渗漏。

8.1.6 污泥脱水机及配套设备安装

（1）安装顺序

设备开箱检查→熟悉图纸与随机文件→污泥脱水机安装→配套设备安装→配套管路安装→电气及控制系统安装→试运转。

（2）设备安装

1）离心脱水设备各单元装置安装时，安装位置和标高应符合设计要求，平面位置偏差不大于 ±10mm，标高偏差不大于 ±20mm。

2）设备的水平度允许偏差不大于 1/1000mm。

3）各单元装置的管路、阀的连接应牢固紧密、无渗漏。

8.2 蓄水试验

污水处理厂水池存储和处理有毒有害污水，水体泄漏将对地下水及土壤造成污染，造成严重的环境事故。通过水池闭水试验，查找水池渗漏点，及时进行注浆堵漏。

8.2.1 试验条件及要求

（1）池体的混凝土已达到设计强度要求（查看混凝土 28d 强度报告）。

（2）池内脚手架拆除及清理洁净。

（3）对池体混凝土浇筑质量进行检查，局部蜂窝、麻面用 1：2 水泥砂浆进行修补。如出现墙体裂缝，用环氧树脂进行墙体注浆。

（4）本工程墙体只有带法兰盘的套管，用盲板与预埋法兰盘连接。

（5）试验用的充水和排水系统已准备就绪。

（6）各项保证试验安全的措施已满足要求。

8.2.2 水池充水

（1）向水池内充水宜分三次进行：第一次充水为设计水深的 1/3；第二次充水为设计水深的 2/3；第三次充水至设计水深。对大、中型水池，可先充水至池壁底部的施工缝以上，检查底板的抗渗质量，当无明显渗漏时，再继续充水至第一次充水深度。

（2）充水时的水位上升速度不宜超过 2m/d。相邻两次充水的间隔时间不应小于 24h。

（3）每次充水宜测读 24h 的水位下降值，计算渗水量，在充水过程中和充水以后，应对水池做外观检查。当发现渗水量过大时，应停止充水，处理后方可继续充水。

（4）当设计单位有特殊要求时，应按设计要求执行。

8.2.3 水池观测

（1）充水时的水位可用水位标尺测定。

（2）充水至设计水深进行渗水量测定时，应采用水位测针测定水位。水位测针的读数精度应达 1/10mm。

（3）充水至设计水深后到开始进行渗水量测定的间隔时间，应不少于 24h。

（4）测读水位初读数的时间与未读数之间的时间间隔，应为 24h。

（5）连续测定的时间可依实际情况而定，如第一天测定的渗水量符合标准，应再测定一天；如第一天测定的渗水量超过允许标准，而以后的渗水量逐渐减少，可继续延长观测。

8.2.4 蒸发量测定

（1）现场测定蒸发量的设备，可采用直径为 50cm，高 30cm 的敞口钢板水箱，并设有测定水位的测针。水箱应检验，不得渗漏。

（2）水箱应固定在水池中，水箱中充水深度可在 20cm 左右。

（3）水池的渗水量按式（8.2-1）计算：

$$q = A_1 \left[(E_1 - E_2) - (e_1 - e_2) \right] / A_2 \tag{8.2-1}$$

式中：q——渗水量；

A_1——水池的水面面积；

A_2——水池的浸湿总面积；

E_1——水池中水位测针的初读数；

E_2——测读 E_1 后 24h 水池中水位测针末读数；

e_1——测读 E_1 时水箱中水位测针读数；

e_2——测读 E_2 时水箱中水位测针读数。

当连续观测时，前次的 E_2、e_2，即为下次的 E_1 及 e_1。

雨天时，不做满水试验渗水量的测定。

按式（8.2-1）计算结果，渗水量超过 $2L/m^2 \cdot d$，应经检查，处理后重新测定。

8.2.5 注意事项

（1）试验前收集天气预报，要保证在最少连续两天晴好的情况下做试验。

（2）在整个试验期间（从充水完成开始后最少 24h），不能向池内注水，否则试验失败。

（3）测量池内水位必须是在同一位置，测量数据精确到毫米。根据初步计算，要满足渗水量要求，所以读数必须准确和精确。

（4）现场池顶预留洞口做好安全防护，周围搭设护栏，准备 2 个游泳圈保证安全。

8.3 调试施工技术

8.3.1 调试目的与步骤

调试目的：污水处理工程调试，不但要检验工程质量，更重要的是检验工程运行是否能够达到设计的处理效果。污水处理工程调试的目的有以下几点：

（1）通过调试检验土建、设备和安装工程的质量，建立相关设施的档案资料，对相关机械、设备及仪表的设计合理性、运行操作注意事项等提出建议。

（2）对某些通用或专用设备进行带负荷运转，并测试其能力。

（3）单项处理构筑物的调试时，处理效果要求达到设计要求，尤其是采用生物处理法的工程，要培养（驯化）出微化生物污泥，并在达到处理效果的基础上，找出最佳运行工艺参数。

（4）在单项设施试运行的基础上，进行整个工程的联合运行和验收。确保污水处理后能够达标排放。

8.3.2 调试步骤

本工程的调试方案按单机调试、联动调试、生物培养、系统试运行顺序进行。污水处理工程的调试与工程的验收是污水治理项目环境效益、社会效益和经济效益的体现。

调试工作由设备安装单位与设备供货方共同完成，最后由环境主管部门进行"达标"验收。

8.3.3 单机调试

单机调试由安装单位根据有关规范进行。

检查设备安装是否满足要求，包括相关电气设备安装、控制箱、管道阀门等设施是否合乎要求，并填写相关验收记录。经验收合格后，方可进行单机无负荷点动试车。点动试车完成后才能进行单机带负荷试车。

如果发现问题，应找出原因，现场修复或调换直至达到设计要求。

8.3.4 联动调试

在单体调试符合设计要求的基础上，按设计工艺的顺序，将所有单体设备和构筑物连续性地从头到尾进行联动试车。联动试车的目的是进一步考核设备的机械性能和设备安装的质量，并检查设施、设备、电气、仪表、自控在联动条件下的工况能否满足工艺运行要求。联动试车调度流程按设计图纸进行。如运行正常，经确认后则可进入下一阶段；如发现问题，找出原因，现场修复至运行正常为止。

联动调试也包括自控系统的调试，需测试电脑、PLC和设备三者之间是否一一对应。各个电气设备提供下述内容的无源触点信号给自控系统，并接受自控系统的控制信号（无源触点）。

1. 联动试车前的条件

（1）联动试车时，污水进量需满足调试水量即大于设计水量的20%，厂外管道具备输水能力条件。污水处理厂的出水管道要具备向外排水的能力。

（2）单体试车完成后，绝大多数的设备和构筑物能通过初步验收。有问题的设备经过检修和更换后合格。

（3）外部供电能力满足联动试车的负荷条件。

（4）电气和自控系统通过单体试车，能达到控制用电设备的条件。

（5）人员经过充分培训，各类操作规程已初步建立，对设备的性能及试车方法基本掌握。

（6）保证工艺管线上的阀门处于工作状态。

2. 联动试车内容

（1）厌氧、缺氧池、好氧池

厌氧、缺氧池、好氧池的联动试车主要是对搅拌机性能进行考察，观察搅拌是否均匀。

好氧池的联动试车主要是对池内的曝气均匀性、布水均匀性进行考察，当水流入反应池后，启动风机房的配套风机，观察好氧池布水，曝气的均匀性。

厌氧、缺氧池的自控试车主要是正常进水后搅拌机和回流泵的自控联动试车。

好氧池的自控联动试车主要是正常进水曝气的自控联动试车。根据工艺的要求，PLC执行风机的启动和停止。

联动过程中注意检查各设备、阀门联动的情况，观察各个自控过程的衔接情况，注意风机停止后有无回水情况。

（2）鼓风机房

在厌氧、缺氧、好氧池联动试车之前，完成鼓风机的联动试车，启动风机，检查设备的各项功能。在各项功能和阀门开启正常的情况下，联动进水，待水位达到设计标高后，测定风机的各项指标，并按设计要求调节变频器的频率。

（3）变频供水系统

当水位达到水泵启动水位后，可轮换启动水泵，检查泵的启动、停止功能和运行状况，并通过泵的出水口流量粗略估算水泵的提升能力。

（4）紧急排放水泵

当水位达到水泵启动水位后，可轮换启动潜污泵，检查泵的启动、停止功能和运行状况，并通过泵的出水口流量粗略估算水泵的提升能力。

（5）污泥处理系统的联动试车

污泥处理系统的联动试车包括沉淀池排泥、污泥贮池液位、污泥脱水机等联动试车。

沉淀池排泥是重力排泥，打开排泥管上的排泥阀，手动试车。

污泥脱水机与药剂配置系统、进泥泵的联动试车在单体试车的基础上进行。

9 医疗废弃物处理施工技术

医疗废弃物处理厂内设高温蒸汽灭菌车间、冷藏室、配电室、控制室、参观通道、周转箱清洗车间、办公间、卫生间、淋浴间、化验室、交接班室及工具间，以及加氯间（洗车间）、调节池、竖向沉淀池、预处理出水池、污泥池、应急事故水池等辅助及贮运工程和供水、供电、消防、红线范围内道路、照明等公用配套工程。

9.1 HDPE 膜施工

9.1.1 施工流程

混凝土垫层施工→土工布铺设→HDPE 膜铺设→土工布铺设→保护层施工→结构/建筑层施工

9.1.2 施工准备

在铺设 HDPE 膜之前，应检查膜下保护层，每平方米的平整度误差不宜超过 20mm。

9.1.3 关键技术要求及控制

HDPE 膜铺设时应符合下列要求：

（1）铺设应一次展开到位，不宜展开后再拖动。

（2）应为材料热胀冷缩导致的尺寸变化留出伸缩量。

（3）应对膜下保护层采取适当的防水、排水措施。

（4）应采取措施防止 HDPE 膜受风力影响而被破坏。

（5）HDPE 膜铺设过程中必须进行搭接宽度和焊缝质量控制。监理必须全程监督膜的焊接和检验。

（6）施工中应注意保护 HDPE 膜不受破坏，车辆不得直接在 HDPE 膜上碾压。

9.1.3.1 HDPE 膜铺设

（1）铺膜要考虑工作面地形情况，对于凹凸不平的部位和场地拐角部位需要详细计算，减少十字焊缝以及应力集中。铺设表面应平整，没有废渣、棱角或锋利的岩石。完工地基的上部 15cm 之内不应有石头或碎屑，地基土不应产生压痕或受其他有害影响。

（2）按照斜坡上不出现横缝的原则确定铺膜方案，所用膜在边坡的顶部和底部延长不小于 1.5m。

（3）为保证填埋场基底构建面不被雨水冲坏，填埋场 HDPE 膜铺总体顺序一般为先边坡后场底。在铺设时应将卷材自上而下滚铺，确保贴铺平整。用于铺放 HDPE 膜的设备禁止在已铺好的土工合成材料上工作。

（4）铺设边坡 HDPE 膜时，为避免 HDPE 膜被风吹起和被拉出锚固沟，将所有外露的 HDPE 膜边缘及时用砂袋或者其他重物覆盖。

（5）施工中需要用足够的临时压载物或地锚（砂袋或土工织物卷材）固定 HDPE 膜，防止铺设的 HDPE 膜被大风吹起，避免采用对 HDPE 膜产生损坏的物品，在有大风的情况下，HDPE 膜须临时锚固，安装工作应停止进行。

（6）根据焊接能力合理安排每天铺设 HDPE 膜的数量，在恶劣天气来临前，减少展开 HDPE 膜的数量，做到能焊多少铺多少。气温低于 0℃ 严禁铺设。

（7）禁止在铺设好的 HDPE 膜上吸烟；铺设 HDPE 膜的区域内禁止使用火柴、打火机和化学溶剂等类似的物品。

（8）检查铺设区域内的每片膜的编号与平面布置图的编号是否一致，确认无误后，按规定的位置，立即用砂袋进行临时锚固，然后检查膜片的搭接宽度是否符合要求，需要调整时及时调整，为下道工序做好充分准备。

（9）铺设 HDPE 膜后，调整位置时，不能损坏安装好的防渗膜。在 HDPE 膜调整过程中使用专用的拉膜钳。

（10）HDPE 膜铺设方式应保证不会引起 HDPE 膜的折叠或褶皱。HDPE 膜的拱起会造成 HDPE 膜的严重拉长，为了避免出现褶皱，可通过对 HDPE 膜的重新铺设或通过切割和修理来解决褶皱问题。

（11）应及时填写 HDPE 膜铺设施工记录表，经现场监理和技术负责人签字后存档。

9.1.3.2 HDPE 膜生产焊接

（1）通过试验性焊接后方可进行生产焊接。

（2）焊接过程中要将焊缝搭接范围内影响焊接质量的杂物清除干净。

（3）焊接中，要保持焊缝的搭接宽度，确保进行破坏性试验。

（4）除了在修补和加帽处，坡度大于 1∶10 处不可有横向的接缝。

（5）边坡底部焊缝应从坡脚向场地底部延伸至少 1.5m。

（6）操作人员要始终跟随焊接设备，观察焊机屏幕参数，如发生变化，要对焊接参数进行微调。

（7）每片 HDPE 膜要在铺设的当天进行焊接，采取适当的保护措施防止雨水进入 HDPE 膜下面的地表。

（8）所有焊缝做到从头到尾焊接和修补，唯一例外的是锚固沟的接缝可以在坡顶下 300mm 的地方停止焊接。

（9）在焊接过程中，如果搭接部位宽度达不到要求或出现漏焊的地方，应该在第一时间用记号笔标示，以便做修补。

（10）需要采用挤压焊接时，在 HDPE 膜焊接的地方要除去表面的氧化物。

9.1.3.3 焊接工艺及焊接技术

双缝热熔焊接采用双轨热熔焊机焊接，其原理为：在膜的接缝位置施加一定温度使 HDPE 膜本体熔化，在一定的压力作用下使其结合在一起，形成与原材料性能完全一致、厚度更大、力学性能更好的严密焊缝。其焊缝形态见图 9.1-1。

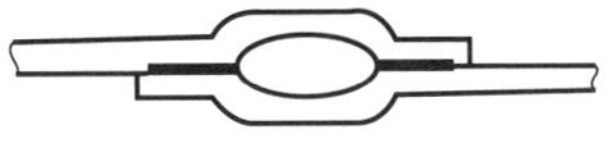

图 9.1-1　焊缝形态

焊接前应去除灰尘、污物，使搭接部分保持清洁、干燥。焊接部位不得有划伤、污点、水分、灰尘以及其他妨碍焊接和影响施工质量的杂质。

9.1.3.4 焊缝检测技术

（1）非破坏性检测技术

HDPE膜热熔焊接的气压检测：针对热熔焊接形成双轨焊缝，焊缝中间预留气腔的特点，采用气压检测设备检测焊缝的强度和气密性。一条焊缝施工完毕后，将焊缝气腔两端封堵，用气压检测设备对焊缝气腔加压至250kPa，维持3～5min，气压不应低于240kPa，然后在焊缝的另一端开孔放气，气压表指针能够迅速归零视为合格。焊缝检测方法见图9.1-2。

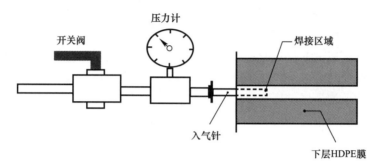

图9.1-2　焊缝检测方法

（2）HDPE膜焊缝破坏性测试

HDPE膜焊缝强度的破坏性取样检测：针对每台焊接设备焊接一定长度，取一个破坏性试样进行室内试验分析（取样位置应立即修补），定量地检测焊缝强度质量。热熔及挤出焊缝强度合格的判定标准见表9.1-1。

热熔及挤出焊缝强度合格的判定标准　　　　　　　　　　　表9.1-1

厚度	剪切	剥离
	热熔焊（N/mm）	热熔焊（N/mm）
2.0	28.2	20.9

注：测试条件为25℃，50mm/min。

每个试样裁取10个25.4mm宽的标准试件，10个标准试件分别做5个剪切试验和5个剥离试验。每种试验的5个试件的测试结果中应有4个试件结果符合表9.1-1中的要求，且平均值应达到表9.1-1标准，最低值不得低于标准值的80%方视为通过强度测试。

如不能通过强度测试，须在测试失败的位置沿焊缝两端各6m范围内重新取样测试，重复以上过程直至合格为止。对排查出有怀疑的部位用挤出焊接方式加以补强。

9.2　三布六涂防腐施工

9.2.1　施工流程

基层表面处理（打磨、酸洗）→涂环氧树脂二道（干燥12～24h至不粘手）→衬玻璃布第一层（布浸透、压实）→涂环氧树脂二道（干燥12～24h至不粘手）→衬玻璃布第二层

2）膜式壁管排的弯曲度不大于 20mm。

（7）左、右侧壁上集箱与锅筒连接端，应保持水平。左、右标高差不应超过 2mm，其中心距与锅筒上相连接的连接管的中心距偏差不应超过 1mm。

（8）左右侧壁下集箱宽度偏差为 4240mm＋20mm。

（9）锅炉本体的右前支撑为固定点，左前支撑允许向左自由膨胀，右后支撑允许向后自由膨胀，左后支撑允许水平方向自由膨胀。

（10）过热器应在锅炉通道后壁安装前进行安装。

1）集箱应先找正位置，过热器集箱标高偏差≤±5mm，不水平度≤2mm，集箱间轴向中心线距离≤±3mm。

2）蛇形管安装。首先设置临时支架，将蛇形管吊放到临时支架上；其次按设计要求与集箱上的管孔对口焊接。

9.3.2.2 省煤器、空气预热器及烟（风）道

（1）安装前，应按照图纸核对数量，并对省煤器、空气预热器及烟（风）道主要构件进行检查。

（2）先安装省煤器，然后起吊省煤器，找正省煤器位置。

（3）找正两个下烟箱位置，将两个空气预热器分别吊装在下烟箱上，并连接。

（4）根据图样要求连接烟（风）道，各烟（风）道法兰面之间要嵌石棉绳，保证密封，防止泄漏。

（5）按图纸要求，对烟（风）道进行保温，并安装外护板。

（6）平台扶梯安装前，应按照图纸核对数量，并对立柱等主要构件进行检查。

（7）在安装立柱时，宜在立柱上画出 1m 标高线，并把它作为以后安装平台、托架的基准标高。

（8）护板支撑梁、平台、托架、扶梯、栏杆、栏杆柱，挡脚板等应安装平直，焊接牢固，栏杆柱的间距应均匀，栏杆接头焊缝处应光滑。

（9）在平台扶梯，托架等构件上，不应任意割切孔洞，当需要切割时，在切割后应加固。

（10）平台托架在穿越护板处的开孔位置必须准确，并打磨光滑。

9.3.2.3 水压试验

（1）凡与受压元件（锅筒、集箱、管子）焊接的零部件，应在水压试验前焊接完毕。

（2）水压试验前焊接应按下列无损探伤要求检验合格。

1）对于集箱、管子、管道和其他管件的环焊缝，射线或超声波探伤的数量规定如下：

① 当集箱外径大于 159mm 时，每条焊缝 100％探伤。

② 当集箱外径小于或等于 159mm 时，每条焊缝长度应进行 25％探伤，也可不小于每台锅炉集箱环缝条数的 25％。

2）焊透结构的交接焊缝超声波探伤数量规定如下：

① 当支管外径大于 219mm 时，每条焊缝 50％超声波探伤。

② 当支管外径小于或等于 219mm，但大于 140mm 时，每条焊缝 25％超声波探伤，也可不少于接头数的 25％。

（3）在进水前应对锅筒、集箱等受压部件进行内部清理。

（4）水压试验压力为 3.44MPa。

（5）试验程序与合格标准：

锅炉进水温度 20～70℃为宜，充满水后，金属表面如有结露，应予以清理，可进一步查看有无渗漏，无渗漏可缓慢升压，当升至 0.3～0.4MPa 时检查一次，必要时可对法兰螺栓进行紧固，但要注意对称均匀拧紧，继续缓慢升至试验压力，在试验压力保压时间内，其他人员要撤离现场，保压 20min 后应缓慢降低至工作压力，并进行全面检查。水压试验合格标准：受压元件的金属焊缝，没有任何渗漏现象，阀门和法兰密封面以及人孔、手孔的密封良好，无渗漏现象或经调整后排除，在升至试验压力稳定 20min 应保持不变，各部件无漏水现象。

（6）水压试验后，应及时将锅炉内的水全部放完。

9.3.2.4 炉墙、保温层和炉衣

（1）水压试验合格后才能进行炉墙、保温层和炉衣的安装工作。

（2）炉墙部分应严格按图施工，应特别注意护板的安装，不允许存在影响外观质量的碰伤、折弯等缺陷。

（3）混凝土配合比应按设计规定，施工后表面应平整无裂缝（发丝裂缝除外）并不应有蜂窝等缺陷。

（4）高铝水泥浇筑料施工时应注意下列几点：

1）用搅拌机搅拌，在搅拌前应将搅拌机清洗干净。

2）在搅拌时先加入干料、水泥，待混合均匀后再加磷酸钠的水溶液，搅拌 2～3min 后即可使用。

3）在施工过程中，一次加料不宜过多，加料后应立即用振捣棒振捣，振动时要特别注意把死角和浆料不易到达的地方振动压实。二次加料时间间隔不能太长，避免层间结合不牢和浇筑料过早硬化。

4）振动至表面泛浆和气泡充分排出后停止振动，在振动成型前已硬化结块的料不能使用。

5）施工后要加水养护 3～5d，拆模后再自然通风养护 3～5d。

9.3.2.5 热工仪表、保护装置

（1）安装热工仪表和保护装置时，除应按本章的规定执行外，尚应符合《自动化仪表工程施工及质量验收规范》GB 50093—2013 的规定。

（2）装设弹簧管压力表时应符合下列要求：

1）表体位置端正，便于识读。

2）刻度盘面上应标有红线，表示锅炉的工作压力。

3）压力表管路不保温。

（3）装设风压表时应符合下列要求：

1）敷设在炉墙里的风压表管内径不小于 12mm。

2）风压表管路伸入炉墙内的部分应采用钢管，管路各连接处应严密不漏。

（4）阀门应逐个用清水进行严密性试验，试验压力为 3.44MPa。应以阀瓣密封不漏水为合格。

（5）锅炉安全阀的安装应符合下列要求：

1）对安全阀应逐个进行严密性试验。

2）锅筒上安全阀的起始压力分别 1.04 倍和 1.06 倍的工作压力。

3）安全阀必须垂直安装，排水管路应畅通，并直通安全地点。

4）锅筒上的安全阀在锅炉严密性试验后，进行最终的调整，调整后的安全阀应立即铅封。

（6）装设固定管式吹灰器时应符合下列要求：

1）装设位置与设计位置的偏差不应超过±5mm。

2）各喷嘴应处在管排空隙的中间。

3）吹灰管路应有坡度，坡向应能使凝结水通过疏水流出。

9.3.2.6　链条炉排

链条炉排按图拼装，拆下落灰护板、调风装置。在内部板上使左右支座与支架焊接，拼装结束后校正水平，使其左右倾斜不大于 5mm，否则应将低的一侧用垫铁垫平。就位后，安装落灰护板、调风装置，使其开关灵活，无卡死现象。

9.3.2.7　筑炉

（1）筑炉前，链条炉排应冷态试车，时间不小于 8h（应在调速装置安装完后进行），并达到下列要求：

1）主动炉排与链轮的齿合良好，炉排片前后轴转弯要平稳，如发现起拱或下垂现象，应拧紧两只拉紧螺栓进行调整。

2）炉排长销两端与炉排两侧板的距离应保持基本相等，若发现一端与侧板发生摩擦，可在长腰孔处用锤子轻轻敲击，使两端间基本相等，链条炉排应无跑偏现象，并调节左右拉紧螺栓消除跑偏。

3）炉排面平整，不应有凸凹现象。检查炉排片是否断裂，长销是否弯曲，如有，应及时更换或校直。

4）检查有无其他零件遗留在炉排上，如有，应及时清除。

（2）在施工现场检查耐火砖、保温砖的表面质量、外形尺寸及损坏情况，耐火砖、保温砖严禁浇水、雨淋。

（3）筑炉前在炉排表面铺一层麻袋，防止筑炉过程中其他物品落进炉排内。

（4）筑炉前，应先修补有关零部件在运输过程中损坏、松动的部分。对风道盖板与各立柱密封块应填嵌严密，为杜绝炉排两侧风道中的空气经风道盖板与主柱的间隙向上漏，在风道盖上面（靠外护板）砌一层厚 65mm 的耐火砖，用灰浆将间隙堵死，也可直接用耐火混凝土浇筑。

（5）砌筑下部炉墙拱砖时，用水平尺或拉线进行校平。不平时，可用耐火混凝土灰浆刮平，弧形拱的砌筑应从两边拱脚同时向拱顶中心进行，砌拱时，必须使两边拱角高相等，拱的跨度保持一致，每道拱采用叉缝砌筑，拱顶的高度误差为 5mm。

（6）炉墙的砌筑应达到如下要求：

1）砖缝的灰浆（包括耐火泥浆和水泥砂浆）应饱满、均匀，灰浆不得混有杂质和易燃物。

2）面向炉膛的耐火砖表面必须整齐。

3）膨胀缝隙内不得有灰浆、杂砖和其他杂物。

4）耐火混凝土表面要平整、无裂缝，没有蜂窝等缺隙，保温混凝土要填实。

5）砌筑耐火砖墙、贴硅酸耐火纤维、灌注保温混凝土，可按一定高度分段进行，耐火砖分段砌筑的高度不应超过6层（横压条排列层数）。

6）在煮炉过程中要注意各组合件交界处，后拱与落灰斗接管交界处不得漏风（可用混凝土加石棉绳带密封）。

9.3.2.8 管道系统的安装

（1）根据出厂的管道阀门仪表图样进行拼接安装，施工单位不宜随便变更连接尺寸，确保锅炉的正常膨胀温度。

（2）所有管路在现场安装时焊接，并应适当布置管路支撑，符合热膨胀要求。在管路水压试验完毕后，对管路用石棉绳或硅酸纤维保温。

（3）应考虑热膨胀要求和平台扶梯等附件的易布置性。

9.3.2.9 调速装置的安装

根据链条炉排前轴的实际位置来调整调速箱的位置。调速箱输出轴必须和链条炉排同轴，将调速箱底盘用地脚螺栓固定在地基上，箱体与底盘之间在水平方向可作纵向移动，以配合炉排调节松紧。

9.3.2.10 引风机、鼓风机的安装

（1）引风机

引风机装妥后，检查有无卡住、漏气等缺陷，然后接通电源试车，检查电动机转向是否正确，有无摩擦震动，电动机和轴承升温是否正常，冷态试转时间不超过5min，并且应关闭调节门，以免因冷态超负荷运行，引起电动机烧坏的可能，并根据引风机样本，检查引风电流。

（2）鼓风机

鼓风机及进风管装好后，检查连接部位是否牢固严密，调风门启闭是否灵活，定位是否可靠，然后接电源试车。试车时，电动机转向是否正常，有无摩擦或震动，电动机和轴承温度是否正常，升温不高于室温40℃。

9.3.2.11 电器控制设备安装

电控箱汇集了锅炉上所有电动机（引风机、鼓风机、水泵、调速箱）的开关按钮，用户可先把电线拉接到各电动机上，然后接通外来总电源，箱壳应保护性接地，电控性能起到保证安全运行的功能，电控箱的调试及操作详件见随机的《电器控制箱使用说明书》。电控箱应安装在锅炉前方，靠近墙壁处，便于司炉工操作，以利于检查锅炉上各仪表的正常运行。

9.3.2.12 锅炉油漆

（1）锅炉安装完毕后，应清除表面的油污和缺陷。

（2）对管路系统保温层进行去污并涂油漆两道，连通管路全部为红色。

（3）链条炉排为银灰色，炉门为黑色。

9.3.2.13 烘炉

（1）烘炉前，应制定烘炉方案，并应具备下列条件：

1）锅炉及本体管路、排污、上煤、出渣、烟风、照明等系统均应安装完毕，并经试运转合格。

2）水位表、压力表、测温仪表等烘炉需要的热工和电器仪表均应安装和试验完毕。

3）锅炉给水应符合《工业锅炉水质》GB/T 1576—2018 的规定。

4）在本体支撑上做好冷态零位标记。

5）应有烘炉升温曲线图。

6）炉内外及各通道应全部清理完毕。

7）打开锅筒、过热蒸汽出口集箱上的放汽阀门及蒸汽管道、过热蒸汽出口集箱疏水阀。

（2）烘炉可根据现场条件采用火焰、蒸汽等方法进行。

（3）用火焰烘炉，炉排面上的燃料不应有铁钉等金属杂物，火焰应集中在炉膛中央。烘炉初期宜采用文火烘焙，初期以后的火势应均匀。在烘炉过程中链条炉排应定期转动，防止烧坏炉排。

（4）烘炉温升按炉膛出口处烟气温度测定：

1）常温 80℃，每小时温升不应该超过 10℃，在 80℃时保温 8h。

2）80～110℃，在 110℃时保温 24h。

3）110～150℃，在 150℃时保温 24h。

4）150～250℃，在 250℃时保温 4h。

5）250～500℃，在 500℃时保温 6h。

（5）蒸汽烘炉应采用 0.3～0.4MPa 的饱和蒸汽从左、右侧壁下集箱的排污阀处均匀地送入锅炉，逐渐加热锅水。锅水水位应保持正常，温度宜为 90℃，在烘炉过程中应打开炉门排除湿气。在烘炉后期宜补用火焰烘炉。

（6）烘炉过程中应测定和绘制实际曲线图。

（7）在烘炉末期，即可进行煮炉。

9.3.2.14 煮炉

（1）煮炉的方法及要求：

烘炉的末期，即可进行煮炉，先依据使用说明书，每立方米加药量按锅炉水容积配制。

（2）药品要用水溶解，除去杂质，配制成浓度为 20% 的药液再加入锅炉，不得将固体药品直接投入锅炉。煮炉前期锅炉气压保持在 0.3～0.4MPa，整个煮炉时间 2～3d，要定期从锅筒和下联箱取水样化验，若炉水碱度低于 45mol/L，补充加药。煮炉结束后放掉碱水，用水清洗锅炉内部和接触过碱液的阀门，残留的沉淀物彻底清除。

（3）煮炉的合格标准：

锅炉清洗后打开人孔、手孔进行检查，符合下列要求即为合格：

1）锅筒集箱内无油物。

2）擦去附着物，金属表面应无锈蚀。

3）煮炉质量不合格应重煮一次。

9.3.2.15 锅炉 48h 试运行

（1）运行具备的条件

1）除应具备烘炉时的条件外，锅炉的燃烧运输、除尘、除渣、供水供电等均应满足锅炉符合连续运行的要求。

2）对于单体试车，烘炉过程中发现的辅机附件的问题及故障全部进行排除修复或更换，设备处于无用状态。

3）满负荷试运行应当由取得司炉工合格证的人员分班进行。

（2）试运行的步骤及要求

1）准备工作就绪后，向锅炉内上水，打开炉膛门、烟道门自然通风 15min，填装燃料引火物生火，生火过程中火力不要太大，为使燃烧室内冷壁受热均匀，应将联箱排污阀打开 1～2 次，放出高温水以使燃烧室内冷壁受热均匀，新锅炉生火时间不小于 4～6h。

给水和炉水要求：

① 磷酸根浓度为 10～30mg/l。

② pH 为 10～12（25℃）。

③ 总碱度为 18mmol/l。

④ 给水硬度符合标准。

2）锅炉的燃烧情况趋于稳定后，可以逐渐升压和增加负荷。

3）压力升至 0.15～0.20MPa 时，应关闭锅筒上的空气阀，并冲压力表的存水弯，检查压力表工作的可靠性，注意两只压力表读数是否相符。

4）当压力升至 0.3～0.4MPa 时，将锅炉范围内阀门、法兰、人孔、手孔和连接螺栓进行一次热状态下的紧固。

5）试运行中应进行安全阀的调整定压工作。

6）锅炉进行 48h 试运行后，具备相应资料可以交工。

9.4 调试施工技术

9.4.1 高温蒸汽锅炉调试

1. 调试准备

（1）调试应以安全为主，出发前应带齐工具（万用表、各种尺寸的起子、绝缘胶带、斜口钳、剥线钳、尖嘴钳等）及锅炉自控接线图。调试人员在现场确认锅炉及其管路（水路、油路或气路、手动及自动排污、蒸汽管路、安全阀排气管等），水处理器，油箱，水箱，烟囱等均已安装完毕。新装的油管及水管在通油、通水之前必须用压缩空气吹尽里面的焊渣及其他杂质。在油泵、水泵前必须安装过滤器。锅炉房有独立的配电（箱）柜，可对锅炉电控柜进行送电。一些阀门、仪表（主要为安全阀、锅炉压力表等）均已经过当地锅检所校验。燃油锅炉确认齿轮油泵转向正确、运行正常，向室内油箱加油，油箱油位合适后，停止向油箱进油（如室内油箱油位全自动控制，可由齿轮油泵自动补油）。燃气锅炉确认气源正常，燃气燃烧器上所标明的燃气类型应与用户所提供的燃气类型一致，且气压稳定合格。燃气锅炉房必须有独立的燃气泄漏报警装置。

（2）水压试验：参考有关材料，该试验一般由安装公司在调试前完成。

（3）软水器调试：参考软水器相关操作使用说明书。

（4）完成锅炉电控柜端子排与锅炉各设备的接线工作，特别应注意电机的接线，无论是三角形连接，还是星形连接控制回路与零线之间的电阻一般不小于 30MΩ，三相五线制电源，下层端子排进线处相电压为 220V，线电压为 380V。确认无误后，送电并开通水路、油路，排掉水泵、油泵中的空气。进入单步调试菜单，单调风机（油泵）、水泵转向正确，声音正常。检查风门各设定值是否正常，单调风门调节器，大小风门应转换灵活。检查风门与燃料的配合比调节是否适当。检查锅炉上各仪器仪表、阀门是否正常，电动调节阀是否因水位信号的变化而变化，双色水位计是否能清楚稳定地显示液位，自动排污阀是否能正常动作，将水打到启动水位，水位电极及液位控制器应能正常工作。

（5）启动锅炉：风机启动后派人观察锅炉点火情况，排烟颜色是否为无色，若排烟不正常应酌情调节风油配合比。确认小负荷排烟无色正常后，让燃烧器停在小负荷位置运行 1h 左右，待锅炉起压后逐步增大风门（油量）。应手动调整风门（油量）至满负荷（大风门）位置（均无烟）。在这过程中做以下试验：

1）超低水位试验：拆下 PLC 上的水泵接触器信号输出端，并打开锅炉排水阀，观察水位降低到超低水位时是否报警停炉，试验完毕后重新接线（在拆接线过程中该输出端可能有电，在带电操作时请注意安全）。

2）超高水位试验：重新启动锅炉至正常燃烧状态，让水泵保持吸合直至水位超高并报警停炉。在做超低、超高水位试验时应在锅炉还未起压或压力较低的情况下进行（打开蒸汽阀门）。对于热水锅炉则不需做这两个试验。

3）异常熄火试验：在锅炉正常燃烧时拔出燃烧器电眼（对于卡式安装的电眼可顺手拔出，对于有螺栓固定的电眼需先拧下螺栓后才可拔出），并用手指按住电眼的感光部分，对于用电离棒检测火焰的则拆下在自控柜下端子排与电离棒连接的线头。此时锅炉报警停炉并在触摸屏上显示异常熄火的字样。锅炉正常启动后关掉蒸汽出口阀，当炉内蒸汽压力达到待机压力设定值时，锅炉自动停炉待机（不报警），并显示待机压力低时将自动启动字样。此时缓慢打开蒸汽出口阀待压力降到低压设定值时锅炉将自动启动。锅炉自启动后拆下待机压力信号线，关闭蒸汽出口阀，此后压力缓慢上升至压力超高时锅炉报警停炉，并显示"蒸汽超压"报警停炉信号（无后吹扫，为异常停炉）。在当运行中的出水温度达到设定的超温报警值时，锅炉将停止运行。

4）热水锅炉的低压试验：从排气口放水即可降低压力，到压力低于设定值时报警停炉。

5）压力控制器：压力控制器设定压力应低于安全阀动作压力，当压力到达设定值时，停止锅炉运行。

6）安全阀：当压力缓慢上升到安全阀动作压力时安全阀应动作，此时，不停止锅炉运行，待压力下降至安全阀回座压力时安全阀应停止排放蒸汽（注意安全阀回座压力应满足要求），此时停止锅炉运行。

7）燃气锅炉还需做燃气压力低故障报警停炉、燃气泄漏故障报警停炉试验。在锅炉燃烧运行时，将进气侧球阀慢慢关小，可做燃气压力低故障报警试验。在锅炉启动前将进气侧气阀与燃烧器侧气阀之间的压力开关安装孔打开，然后启动锅炉，检漏过程中应报警并显示二阶阀泄漏（大火阀泄漏）字样。

9.4.2 锅炉运行前的准备工作

（1）锅炉每次启动前，应执行以下项目：

1）检查各种仪器、仪表是否正常。

2) 检查水汽管路上各种压力控制器的设定值是否正常。

3) 水泵、油泵在初次使用前务必放气，以免空转而将泵烧坏。

4) 检查燃气压力是否符合要求。检查整个供气管路，确认无泄漏后启动锅炉。

5) 检查油箱，确认有油后再打开给油阀，并确认油路畅通无阻。

6) 运行前对燃烧器的程序控制器进行复位。

7) 检查软水箱，确认有水后再打开给水阀。

8) 检查锅炉给水是否合格。

9) 检查软水装置能否正常工作。

10) 检查加药桶是否有足够的药液。

11) 检查锅炉房内是否有其他异常情况。

（2）锅炉运行中的注意事项：

1) 任何时候，可燃气体浓度报警装置报警时，不得启动锅炉或制造火花；如锅炉正在运行应立即停炉，及时检查并修补漏点。

2) 如发生点不着火或运行中突然熄火的情况，不应强行多次点火，应立即检查原因，排除故障。

3) 无论运行中发生任何故障，都应立即停炉检查原因，排除故障。

4) 观察风机、水泵、油泵等运转是否平稳，声音是否正常，如有异常，应及时停炉检查原因。

5) 观察油压力表或燃气压力表的指针是否平稳或偏离经验值，如有压力不正常的情况，应及时停炉检查原因，特别要注意是否有燃料泄漏发生。

6) 冷炉启动时，应检查软水箱水温，防止水温过高，造成水泵汽蚀，可通过放水降温，同时打开余热系统循环热水泵。

（3）定期、有规律地分析水质，做好水质管理工作。同时要定期、定量、科学地进行排污。

1) 排污应在低负荷时进行并严格监视水位。

2) 排污时如有严重的水冲击、管道震动等危及锅炉安全运行的异常情况时，应立即停止排污。

3) 几台锅炉合用一根总排污管时，不应有两台或两台以上的锅炉同时排污。

（4）系统试运转

1) 系统调试工艺流程：所有锅炉、水泵、气压罐等设备经建设单位和当地的锅检所验收合格后，才能进行系统的调试，调试时，先开启水泵，注意锅炉和整个系统是在满水状态下，接着开启燃油泵，再进行点火，接着通过锅炉的控制屏对锅炉进行升压，当压力达到设计值后，进行供热（供汽），需要关闭锅炉之前，先将水泵关闭，接着是齿轮油泵关闭，最后是锅炉关闭。整个过程需要建设单位、监理、施工单位、锅检所、厂家现场验收指导，填写相关资料。

2) 调试流程：点火前准备→工作水泵开启→锅炉点火升压供热→（供汽）→水泵关闭停炉。

（5）系统试运行期间临时排水处理方案及应急方案

系统试运行及冲洗阶段的排水。

1）检查锅炉房集水坑排污泵系统：

① 检查室外排水管道是否畅通。

② 检查排污泵控制箱电源。

2）所有使用的工具及设备必须经过检查以保证安全使用。

3）操作地点必须光线充足。

4）检查管道端头堵板及临时堵板、临时加固设施的牢固可靠性。

5）调试过程中，注意所调试设备及管道系统，并协调相关人员，统一指挥。

6）排水及断电措施由专人负责，异常情况下听从主管人员指令。

10 危险废弃物处理施工技术

危险废弃物处理厂其处理介质主要为工业危险废弃物，共 26 类危险废弃物。设计危险废弃物焚烧处理规模 $3×10^4t/a$，采用一条 100t/d 的回转窑焚烧线；物化设计处理规模 $1×10^4t/a$；稳定化/固化系统考虑场内焚烧、物化、污水处理产生的危险废弃物，设计处理规模 $1×10^4t/a$（30t/d）；污水处理系统设计规模为 240m³/d，其中三效蒸发处理规模 190m³/d。

危险废弃物处理施工技术的 HDPF 膜施工、三布六涂防腐施工同 9.1 与 9.2 内容。

10.1 焚烧锅炉施工

焚烧系统由窑头喂料系统（包装废物提升机、双梁桥式起重机及液压抓斗、固体废物喂料斗、板喂机—输送机、板喂机—刮板机及液压系统）、回转窑系统（空气加热器、回转窑主燃及助燃风机、窑头喷枪及主燃烧器、回转窑本体系统等）、二燃室系统［空气加热器、二燃室燃烧风机及闭环风机、喷枪及燃烧器、二燃室本体系统（含耐材砌筑）］、余热锅炉系统（锅炉本体、锅炉给水系统、锅炉加药系统、废料输送系统等）、烟气处理系统（消石灰罐、收尘器、配套风机、双轴螺旋输送机、管式输送机、电加热器、活性炭喂料装置、密封型圆盘给料机、渣浆泵、捅链、半干式吸收塔、SDA 紧急给水罐、文氏反应管、箱式脉冲袋式除尘器、埋刮板输送机、螺输送机、压缩空气过滤器、微热式吸附干燥机、循环风机、仓式泵、紧急给水罐、排污水罐、酸法系统、ID 风机、烟囱、配套清水输送系统等）五个主系统及下属辅助系统组成。

10.1.1 施工准备

（1）设备开箱检查：协同业主及监理对到场设备进行验收及整理，清点系统到货齐全性和完整性。同时抽查设备型号，规格。做好相应检查记录并签字归档。

（2）回转窑基础尺寸复测及交接：检查地面基础是否符合设计要求和具备安装条件。例如检查基础尺寸、标高尺寸、各预留孔尺寸位置标高深度及预埋板位置尺寸及标高等，地脚螺栓预留孔洞垂直度是否符合安装要求。满足条件后，方可进行基础交接。

（3）检查场地其他条件是否具备，如基础周边地面标高回填情况是否满足安装需要等，以上条件如不符合安装要求，应立即向建设及监理单位提出，请其完善。

（4）设备现场安装负责人对施工人员进行技术交底，牵头编制安装计划。安装人员应熟悉有关图纸、技术文件和安装要求，根据具体条件确定施工方案。准备必要工具，测量仪器和吊装机具等。

10.1.2 关键施工技术及控制要点

10.1.2.1 回转窑安装

1. 基础画线

(1) 在已经浇筑好的基础上画出从窑面罩到窑尾密封装置至二燃室主体的中心线。以此线作为基准，画出与主体中心线相平行的其他部分（或单独设备）的中心线。画出前后支撑托轮组横向中心线。

(2) 根据已校正准确的主体中心线，画出传动装置、减速机等的纵横十字线，并做标示。

(3) 根据现场的正负零基准点，测出基准面上基准点标高，且基准点与正负零基准点的偏差小于等于±1mm。

2. 托轮组安装

(1) 实测简体长度及两个轮带之间的实际间距，轮带与两端的实长，计量膨胀量，得出相邻两托轮支撑装置及与头尾罩之间最后的斜向间距尺寸和水平间距尺寸，修正图上尺寸。

(2) 根据修正的图纸尺寸，核对炉子的基础尺寸，特别是基础中心距尺寸。

(3) 按图纸要求，将托轮座与基础面找正标高及二次浇筑找正垫实，垫板高度可以按基础具体情况确定，通常是30～70mm。

(4) 画出托轮的中心十字线，与主体中心线找正后，将托轮底座就位。要求托轮表面连线与水平面的倾斜度小于0.5/1000。

(5) 测量两组托轮中心跨距，要求长度偏差小于等于±1.4mm，对角线偏差小于等于3mm。

3. 校核两组托轮的安装尺寸

(1) 经纬仪检查纵向中心位置。要求与主体中心线偏差小于等于±0.5mm。

(2) 以基础上的托轮组横向中心线为准，分别向窑头和窑尾测量相邻两托轮组的横向中心跨距尺寸。要求：

① 偏差小于等于±1.4mm。

② 两个托轮的横向中心距偏差小于等于±3mm。

③ 相邻梁托轮组的横向中心跨距，对角线之差小于等于±3mm。

(3) 相邻两托轮组的相对标高（设计的斜度高差不计）偏差小于等于0.5mm，相邻两托轮组的标高偏差小于等于相邻各挡相对偏差之和，并且其最大偏差值小于等于2mm。

4. 基础二次灌浆

(1) 地脚螺栓放在预留孔内，垂直地面无倾斜，清除油污和氧化皮，螺栓部分应该涂少量油脂。要求：

① 螺栓离孔壁的间隙为14～16mm，地脚螺栓旁边至少有一组垫铁，应不影响灌浆，放在靠近地脚螺栓和底座上受力部位的下方。

② 相邻两垫铁组间距离500～1000mm

(2) 承受重负荷或有较强连续振动的设备，使用平垫铁块。垫铁组放置整齐，平稳压实。上下用厚垫板、薄板在中间，均定位焊牢。要求：

① 平垫板不超过 5 块；且垫铁端面露出设备底面外缘 10～30mm。

② 薄板厚大于等于 2mm。

（3）用不低于 C60 的灌浆料进行二次设备基础灌浆，待灌浆料凝固后将托轮就位。

（4）清除地脚螺栓孔内杂物，采用细碎石、高强度等级水泥，按要求配置混凝土，初次灌浆必须捣实，且地脚螺栓周围灌浆厚度≥25mm。

（5）养护期结束后一日，拧紧地脚螺栓上的螺母，拧紧力均匀，且螺栓露出长度为直径的 1/3～2/3。

5. 大齿轮安装

（1）拆开已经组装校核过的大齿轮装置，现场制作安装调整大齿轮的工具，将调节工具放在窑体和大齿轮上下左右四个点之间，通过调整上下左右四个螺栓，使筒体与大齿轮之间的距离相等。

（2）转动窑体，测量大齿轮的径向、端面摆动值（径向摆动偏差≤1.4mm，端面摆动偏差≤1mm）。

（3）大齿圈与相邻轮带的中心线的平行度偏差≤3 倍全长。

（4）组装弹簧板，顺切线方向固定在齿圈上，吊装调整后，将弹簧板点焊在筒体上，复测径向，端面摆动偏差，符合要求后将弹簧板与筒体焊牢。

6. 回转窑筒体安装

筒体在制造厂制作完成，整体出厂，到场后整体吊装前将轮带与筒体按图纸要求组装好，一次整体按图纸尺寸吊装就位于托轮上。

7. 传动装置安装

（1）依据主体中心线找正小齿轮中心位置，小齿轮轴向中心线与窑纵向中心线应平行。

（2）调整大齿轮与小齿轮的齿顶间隙，要求的间隙范围为 0.25m（模数）＋（2～3mm）。

（3）大小齿轮安装后，检查大小齿轮啮合齿面在齿宽方向的齿侧间隙两端是否均匀，出料端应大于入料端。

（4）小齿轮轴与减速机输出轴用弹性联轴器连接。两轴对中，且以小齿轮为基准，同轴度为 0.2。

8. 窑面罩、窑尾密封装置的安装

（1）窑面罩、窑尾密封装置按图纸尺寸定位，垫板与预埋板调平后焊接，垫板与轨道调平后焊接，再将窑面罩、窑尾密封装置放在轨道上，用锁件锁住避免设备滑出轨道。

（2）安装完毕，电机空运转 4h，温升小于 60℃。接联轴器，待回转窑运转 8h，运转应正常。运转过程中润滑，变频调速运转，大小齿轮齿和情况等均应正常，不正常应停车调试，记录情况。只有在运转正常后才可以进行耐火材料的施工。

10.1.2.2 二燃室的安装

1. 筒体对接

筒体对接口应清除飞边、毛刺、油漆、铁锈等污物，如有凹凸不平处必须事先处理。

筒体的接口应符合下列要求：纵向焊缝互相错开，错开角度不应小于 45°，筒体错边量不得大于 2mm。

2. 施工和检测的重点

回转窑伸入二燃室的长度是二燃室安装的关键尺寸，在安装时要特别注意，二燃室下段锥体就位完成固定后，将回转窑与二燃室连接处画线割除后，方可进行回转窑吊装就位。紧急排放阀安装完毕后要检查开启是否灵活可靠。

吊装时，应注意筒体外高温油漆成品保护，以免吊索具破坏漆面，导致返工等情况出现。

10.1.2.3 余热锅炉的安装

余热锅炉是利用含尘烟气余热产生蒸汽的一种设备，它具有节能、低耗、环保、结构紧凑等特点。余热锅炉所有部件均为散装出厂，需在工地组装。

锅炉安装、改造、维修单位必须具有省级以上质量技术监督部门对其相应级别的行政许可。

1. 安装前的准备工作

（1）设备到达施工现场后，要按制造厂的交货清单，清点和检查零部件及设备是否完善，运输中是否有损坏及变形，对损坏及变形的零部件要进行修理和校正。

（2）载重车辆、起吊设备如捆扎所需要的钢丝绳、卷扬机等需要有足够的载重能力。

（3）基础施工，按设计院提供的基础图进行地基施工，基础深度应根据锅炉使用地区地质条件及锅炉荷重表由土建部门确定，基础预埋铁应符合图纸要求。

2. 安装顺序

（1）安装钢架，同时安装平台扶梯。

（2）安装锅筒。

（3）安装集箱、膜式水冷壁。

（4）安装引出管、下降管。

（5）安装管路阀门及各种仪表。

（6）水压试验。

（7）安装护板及门类、吹灰器、测点等。

（8）安装锅筒、集箱、管道的保温。

3. 钢架与平台安装

（1）基础的画线和验收：

应由安装单位会同使用单位等人员共同参加，并做详细记录。

（2）验收时先测量土建规定的主中心线和各辅助中心线（各钢柱预埋件及预留孔中心线）间的关系尺寸，除符合《锅炉安装工程施工及验收标准》GB 50273—2022 外，尚应符合以下要求：

1）各中心线与主中心线之差为±25mm。

2）各中心线与主中心线整个移动不得大于50mm。

3）基础对角线偏差每米不超过1.4mm，且全长不超过5mm。

（3）验收合格后应将纵向中心线和横向中心线用墨线弹出，并用油漆做好标记以备安装时检查。

（4）测量钢架预埋件的标高差，并做详细记录，以最高点作为安装的基准，对较低的预埋件等应用垫板铺平，其垫板数量不应超过三件。

（5）平台、扶梯、托架、栏杆、栏杆柱、围板等应采用卡扣及螺栓固定牢固或焊牢，组装平直；栏杆柱间距应均匀，栏杆接头焊缝处应光滑。

（6）钢架、平台安装完毕彻底除锈后，涂刷防锈底漆两遍后再涂刷两遍面漆。

4. 锅炉受热面安装

（1）做好起吊、运输、堆放等准备工作，避免在此过程中发生撞坏、变形、锈蚀、错放、混杂。

（2）检查锅筒、水冷壁管组、管子等有无裂纹、分层、撞伤、变形等缺陷，清除里面的垃圾、杂物、用煤油擦掉管内的防锈涂油。

（3）检查锅筒、集箱两端水平和垂直中心线的标记位置是否准确，必要时，应根据管孔中心线重新标定或调整。

（4）锅筒和集箱安装：

锅筒必须在钢架安装找正并固定后，方可起吊就位。

集箱在吊装前应检查集箱的水平度，并采取措施保证集箱在安装后的水平。

5. 膜式水冷壁的安装

锅炉水冷壁上有吹灰孔、清灰孔、观察孔等孔洞。这些孔洞及其与水冷壁的连接装置单独供货，安装时固定到水冷壁上。

所有水冷壁的重量都是通过上集箱耳板或顶部水冷壁的吊耳及吊杆装置承担，吊杆装置单独供货，安装时进行装配。

（1）水冷壁各组之间的拼接，刚性梁及上述有关的炉墙及密封金属件在水冷壁上的焊接装配工作等工作应在经过校正，有足够刚性的固定组合架上进行，并保证组合过程不变形。

（2）水冷壁组合前要先对集箱和水冷壁管组进行检查和清理，检查管子外表有无裂纹、擦伤、变形。清理集箱内部，不得有异物。

（3）管子在组合安装前必须进行通球试验。

（4）为了方便水冷壁的安装，现场应注意安装顺序，确保水冷壁就位。检查管组集箱各孔位方向的正确性，集箱尺寸的正确性，对不符合者应纠正。各组件的接缝工艺要保证整片水冷壁墙的几何尺寸符合图纸要求，焊接要防止变形。

（5）管组组合结束后，管组的外形尺寸、平整度、对角线等项目应满足相关要求。

（6）水冷壁上刚性梁和支撑件的组合，应在水冷壁组合管组组合后进行。保证既能在运行中加强水冷壁的刚性，又不影响水冷壁热膨胀。

（7）刚性梁在水冷壁上安装高度要一致，各固定装置和水冷壁接触均匀。

（8）固定炉墙用的支撑钩，固定各类门孔的炉墙金属件，均应在地面焊装。各类门孔等炉墙附件、耐火材料及防磨材料的浇筑以在地面组装为宜。

（9）水冷壁的吊装：

1）吊装前，应对水冷壁吊挂装置进行检查与试装，以便在地面上消除缺陷。

2）起吊组件应有加固设施，保证吊装过程中不发生变形和损坏。

3）全部水冷壁安装就位，并经找正后，注意各面水冷壁之间的连接，应加扁钢或圆钢封焊，并且应按图纸要求确保良好的密封性，所有未严密之处均应添加密封钢板，仔细焊接，使整个锅炉水冷壁成为一个密封的整体。

6. 管子焊接

（1）应制定焊接工艺指导书，并进行焊接工艺评定。焊接应符合《锅炉安全技术规程》TSG 11—2020 的规定。

（2）当管径≤60mm 时，焊接管口的端面倾斜度≤0.5mm，其他管径的端面倾斜度不应超过 0.6mm，管子对接中心错口不应大于壁厚的 10%，且不得超过 0.8mm。管子由焊接引起的弯折度在距焊缝中心 200mm 处应不大于 1mm。

（3）管子的全部附属焊接件，均应在水压试验前焊接完毕。

10.1.2.4　急冷塔的安装

（1）画出各部件基础中心十字线，找正、调平各设备的定位基准面。

（2）复检部件基础的位置、几何尺寸和施工质量，校对各部件外形尺寸。

（3）采用钢结构支撑焊接安装，塔体顶部与地面的垂直偏差不超过 5mm。

（4）按图纸要求垫平各设备基础面，将设备吊装就位，注意进出口方向，连接地脚定位螺栓或与基础板焊接。

10.1.2.5　除酸除尘系统的安装

1. 湿法除酸系统

（1）做好基础复测工作，画出基础中心十字线，找正、调平各储罐及配套设备的定位基准面、线及点。

（2）复检部件基础的位置、几何尺寸和施工质量，校对各部件外形尺寸。

（3）采用钢结构支撑安装的，塔体顶部与地面的垂直偏差不超过 5mm。

（4）按图纸要求垫平各设备基础面，分别将设备吊装就位，注意进出口方向，连接地脚定位螺栓或与基础板焊接。

（5）安装完成各辅助设施等。

2. 布袋除尘器

布袋除尘器的主要目的是将烟气中的粉尘及重金属气体、二噁英气体去除，达到净化烟气的目的。钢柱底板下预埋地脚螺栓，定位安装，上部箱体为横梁上预留螺栓孔与箱体上耳采用高强度螺栓连接，要求安装垂直。

（1）该设备的安装按下列顺序进行：

1）先检查基础，按常规清理、找平、放线。

2）将钢结构下部框架结构拼装后吊装就位，连接下部横梁及平台，底板下二次灌浆固定，柱脚处混凝土包柱后完成永久固定。

3）将除尘器箱体吊装到支柱上，找正、固定，并安装箱体上的附件。

4）安装爬梯、栏杆。

5）吊装电动及手动蝶阀、烟道及进出风口。

6）安装箱体顶部人孔门、气路元件等。

7）安装滤袋龙骨和滤袋。

（2）保温：

对除尘器外壳进行保温，介质工作温度为 160℃，布袋除尘器外壁温度不超过 60℃。在保温安装时，保温材料应填满，外观的装饰板敷设平整，全部接口用咬口的方式连接，所有斜边、棱角要注意装饰美观。

10.2 调试施工技术

10.2.1 单机调试技术

10.2.1.1 调试所必备的条件和物资准备

（1）永久电源具备送电至焚烧线 MCC 条件，且 MCC 控制柜需具备送电条件，所有接地均已完成（前期的设备单机调试可以用 400kW 左右的临时电调试）。

（2）稳定合格的工业水管道已接好，并能确保稳定的工业水供给（前期单机调试可以用临时水）。

（3）各设备管道冲洗、打压等排水管路畅通，能随时排水或接收废水。

（4）空压机和循环水系统已具备开机条件。

（5）所有运行设备电机接线完成，现场按钮盒安装完成。

（6）所有运行设备轴承座（箱）、齿轮箱等清理干净，并注入新的润滑油（脂），且人工盘车正常。

（7）DCS 系统和仪表柜安装完成，且所有接地均已完成。

（8）风机、泵、锅炉及其辅助设施、空压机等设备连接管道、阀门、软连接等安装完成。

10.2.1.2 电仪调试

1. MCC 室一次、二次回路及变频器

（1）MCC 室的调试需满足以下条件：

1）母排：一次母排的连接牢固且绝缘性完好。

2）元器件：一次、二次元器件的安装正确、齐全。

3）抽屉：每一个抽屉内一次、二次线的连接、元器件安装正确、齐全、牢固，且按照图纸进行接线，保证每个抽屉都正确处于图纸上标注位置，并能够正常摇入及抽出。

4）抽屉二次插接件：检查抽屉后的二次插接件的线连接完成且正确。

5）柜间连线：检查柜间连接线、甩线连接正确。

6）电源线：铜排二次电源齐全、正确、牢固压接。

7）送电之后母排的电压需正常。

（2）做完以上工作之后方可对其进行调试，具体调试工作如下：

1）对 MCC 室所有电器一、二次元器件使用万用表测量绝缘情况，并使用表格记录。

2）普通开关柜及柜内一、二次元器件：检查开关柜内的相关断路器的完好情况，并使用万用表测量；测量正常方可送电，送电之后于柜子后方检查输出电源的电压是否正常；断电，使用万用表确认无电之后将用电设备电缆接上。

3）抽屉柜及柜内一、二次元件：首先对柜内二次回路进行检查，是否按照控制原理图接线；入柜后按照原理图找出启停端子并接好临时按钮；做完以上工作后将抽屉柜推进到摇进位置，使用手柄将抽屉柜摇入；点动启停按钮，通过声音判断柜内是否正常工作，通过万用表检查端子，相关的信号是否正常输出；如正常，将抽屉柜断路器切至闭合状态，检查输出的一次回路电源电压是否正常；断电，使用万用表测量确认主回路为不带电状态，接上现场电动机或者设备的电缆。

4）变频器：检查变频器电源是否正常；接地端子是否接地，确认变频器铭牌标签的电压频率是否与图纸相吻合，无误送电；主接触器吸合，风扇运转，使用万用表测量输出电压是否在标准规范内；熟悉变频器的操作面板，并设置好相关参数；运行变频器于50Hz，测试 U、V、W 三相是否输出平衡。

2. DCS柜、自动化仪表调试（仪表回路测试）

（1）DCS柜、自动化仪表及中控调试需满足以下条件：

1）现场仪表接地：现场仪表的工作接地一般应在控制室侧接地。对于要求或必须在现场接地的现场仪表，如接地型热电偶、pH计、电磁流量计等应在现场侧接地。对于现场仪表要求或必须在现场接地，同时又要求将控制室接收端的控制系统在控制室侧接地的，应将信号的收发端之间做电气隔离。现场仪表线箱两侧的电缆的屏蔽层应在箱内跨接。

2）盘、台、柜接地：在控制室内的盘、台、柜内应分类设置保护接汇流排、信号及屏蔽接地汇流（工作接地汇流排），本体设备还应单独设置本体接地汇流条。控制系统的保护接地端子及屏蔽接线端子通过各自的接地连线分别接至保护接地汇流排和工作接地汇流排。各类接地汇流排经各自接地分干线接至保护接地汇总板和工作接地汇总板。

3）UPS电源接地使用接地模块。

4）电源：DCS柜及控制站应采用双路无间断电源供电。

5）I/O卡件与安全栅、继电器板之间的连线完成且正确。

6）操作站、工程师站与控制器间的通信网络构架完成且正常。

（2）做好以上工作方可对其进行调试，具体调试内容及步骤如下：

1）上电：上电需按照严格步骤标准执行。①打开总电源开关；②打开UPS的电源开关；③打开各个支路电源开关；④打开操作站显示器电源开关；⑤打开操作站主机电源开关；⑥最后逐个打开控制站电源开关。

2）上电检查（I/O通道测试）：组态下载结束后就可以进行I/O检查。通过I/O通道测试，确认系统在现场能否正常运行，确认系统组态配置正确与否，确认I/O通道输入输出正常与否。

3）模拟量输入测试：根据现场各种测量元件（温度、压力、流量、液位等）的选型，调试人员选择适当的方法进行测试，同时在操作站显示屏观看实时监控画面上显示的各种信号是否与现场符合，显示是否有错位。对显示不相符的信号，应分别检查现场仪表、接线、I/O卡件跳线、I/O卡件、组态等环节。

4）开关量输入测试：根据现场开关量输入传感器的选择（如泵机接触器的触点、阀门的接近开关等），调试人员选择适当方法进行测试，同时在操作站实时监控画面上观看各信号显示是否与现场信号相符合，显示是否错位。对显示不相符的信号，应分别检查现场信号源、卡件或线路（包括接地）。

5）模拟量输出测试：根据现场执行机构的原理，现场人员选择适当方法进行测试，同时在操作站实时监控画面上利用内部仪表进行模拟量输出测试。把控制回路切换成手动，手动输出阀位于 0%、50%、100% 几个值，看执行机构动作情况与输出信号是否符合，显示是否错位。对显示不相符的信号，应分别检查现场设备、卡件组态和线路（包括接地），并逐一纠正或更换。

6）开关量输出测试：根据现场的选型，调试人员选择适当方法进行测试，同时在操作站实时监控画面上观看各信号显示是否与现场信号相符合，显示是否错位。对显示不相符的信号，应分别检查现场信号源、卡件或线路（包括接地），逐一纠正或更换。

7）组态信息的测试：先手动，后自动；先内环，后外环。控制回路参数的整定：气开、气闭参数由组态决定；正反作用参数在投运、运行时设定；参数整定宜采用"经验法"，先初步确定一个 PID 参数，然后进行细调。

8）现场仪表调试：对现场仪表进行初步的标定；量程设定需与中控设定一致；对于气动阀类设备而言，需在管道部分调试完成之后通入仪表气之后对其进行初步的整定。现场 PLC 调试：现场 PLC 柜的绝缘测试，PLC 柜的程序调试，PLC 相关仪表阀门的调试，PLC 与 DCS 通信测试。

10.2.1.3 管路调试

1. 管路安装检查

（1）检查管道、阀门、仪表均已安装完成。

（2）检查管路支撑件完好牢固。

（3）按照施工图纸检查各管路材质、大小、走向与设计一致。

（4）检查管道焊接符合国标。

（5）按照施工图纸检查各管路上的仪表阀门是否位置与设计一致。

（6）检查管路各法兰阀门螺栓均已紧固。

2. 管路打压

（1）试验要求：

1）各管路检查完成后即可进行打压工作，该线如无特殊原因所有管道一般采用水压试验。

2）根据实际情况一条管道打压最长不得超过 500m；不参与试验的仪表、设备安全阀应用盲板隔离。

3）实验用压力表应经过校验，并在有效期内，满刻度应为最大试验压力的 1.5～2 倍。

4）实验压力要求按照《工业金属管道工程施工规范》GB 50235—2010 执行。

（2）试验步骤：

1）在管道两端配装密闭法兰板，用螺栓紧固，一端为进水口，另一端为出水口（也做排气孔），按要求封闭各仪表和安全阀（或关闭仪表前手阀）。

2）在进水口端，应安装压力表或者使用打压机自带压力表。

3）通过打压机，在无压力状态下，缓慢向管道内注入水。注水时，应注意打开排气孔。

4）直至管道内充满水，关闭排气孔。

5）逐步增加管道压力（可观察压力表），增至试验压力后停压 10min，然后降压至设计压力并稳压 30min，期间如压力下降可注水补压，但不得高于试验压力。

6）检查管道接口、配件等处有无渗漏现象。如有渗漏，应中止试压，查明原因并解决渗漏，再按步骤 5 进行组织试压，直至试验通过。

10.2.1.4　各管道吹扫

各管道打压完成后，空压机系统调试完成后即可进行管道吹扫工作。

（1）压缩空气管道吹扫：

1）工具准备：靶板（白板）、临时接头、盲板、短节、法兰。

2）查看图纸，确定所需吹扫的管道，及吹扫的顺序，一般吹扫顺序为先主管路后支管路。

3）关闭各气动阀、调节阀、电磁阀的压缩气阀门，关闭各压力表一次阀门。

4）在所需吹扫的管道末尾放置靶板，拉好警戒线，迅速打开阀门，吹扫 5min，接着迅速关掉阀门，反复多次，检查靶板，靶板上无铁锈、尘土、水分及其他杂物为合格，不合格需重复以上步骤，填写好吹扫记录。主压缩气管道吹扫完成后，拔出各用气点压缩连接软管，对各用气点进行吹扫。

（2）水管路、油管路：

1）拆除管道上可拆卸的调节阀、单向阀、过滤器、流量孔板均拆除，单向阀拆除阀芯后复原。拆除管道上所有的压力、流量、液位、分析等变送器接头。对无法拆卸的调节阀，应采取保护措施，各仪表根部阀关闭。

2）在所需吹扫的管道末尾加装靶板，拉好警戒线，利用短节、临时接头、法兰等连接好气源，利用盲板将所需吹扫的管道与其他管道隔离开。

3）确认人员在警戒线外后，迅速打开气源，吹扫 5min，接着迅速关掉气源，反复 3～5 次。检查靶板，靶板上无铁锈、尘土、水分及其他杂物为合格，不合格需重复以上步骤，填写好吹扫记录。

（3）蒸汽管路吹扫：

1）蒸汽管路吹扫在烘煮炉阶段，系统烘煮炉后期合格的蒸汽稳定产出，此时可以进行蒸汽管路吹扫。

2）蒸汽管路吹扫前拆除管道上可拆卸的调节阀、单向阀、过滤器、流量孔板，单向阀拆除阀芯后复原，拆除后的阀门以短接的方式连接好。关闭管道上所有的压力、流量、液位、分析等仪表的根部阀。

3）在所需吹扫的管道末尾加装靶板，拉好警戒线，利用短节、临时接头引至接近地面处。

4）蒸汽逐级引入相应的分气缸，确认人员安全后，迅速打开气源，每个蒸汽管路的出口每次吹扫 3min，待分气缸压力低于 3kg 迅速关掉蒸汽，反复多次。检查靶板，靶板上无铁锈、尘土、水分及其他杂物为合格，不合格需重复以上步骤，填写好吹扫记录。

10.2.1.5　罐体检查及上水

（1）清理各贮罐内杂物。

（2）检查罐体各阀门管道安装位置是否按图施工。

（3）检查罐区各罐体接地良好。

（4）对各贮罐注满水，静置 72h，检查基础有无下陷，检查各排放阀有无滴漏。

10.2.1.6 各设备单机调试

（1）各电动机接线及接地检查：

1）电动机外观检查：检查电动机外观应无损伤，漆层无脱皮、锈蚀，并抄录铭牌，电动机功率、电压等级及频率必须符合现场要求。

2）电动机转子应灵活，不得有碰卡声及阻滞现象。

3）接线盒检查：①引出线鼻子焊接或压接应良好，编号齐全，裸露带电部分的电气安全距离应＞6mm。②接线方式应与接线盒内的接线图一致。③测量电动机绕组绝缘：使用 1kV 兆欧表，要求绝缘电阻不小于 0.5MΩ，绝缘检查完成后填写绝缘测试记录表。

4）检查电动机出厂时间，如果电机供应时间超过一年，应适当补充润滑脂。

5）接地检查：应用电动机外壳专用接地端子与附近主接地网连接；接地线截面积应满足要求。

6）动力电缆必须通过进线孔进入接线盒，接线前应紧固电缆夹紧装置。

7）电动机接线：电动机应按接线盒内接线图或说明书要求接线。

8）动力电缆头与电动机接线端子连接力矩应满足要求；注意不得使接线柱绝缘子额外受力。

9）接线盒盖应正确封闭，防止杂物或水进入接线盒内。

10）风扇检查：风扇外观无裂纹、变形，安装方向正确。

11）有制动器的电机制动器制动块间隙不大于 0.7mm，整流器外观应良好。

（2）对轮找正（有对轮的泵和其他设备）：

1）按照对轮校对的标准对上述泵的对轮进校对。

2）对其他相关的皮带传动的设备进行校正。

3）做好对轮校正记录。

（3）各类泵通电试运行：

1）立式离心泵（高热值废液泵、低热值废液泵、柴油泵、卸碱泵、液碱输送泵、尿素泵、伴热水泵）通电试运行：

① 试运行前的检查工作：

a. 检查泵各紧固件是否拧紧。

b. 检查泵内是否有异物。

c. 检查泵是否注入足够的润滑油（脂）。

d. 检查手动盘车油泵是否运转自如，有无异响。

e. 泵开机前需确认进口罐体内有足够水。

② 试运行：

a. 检查完成后，现场点动泵，看正反转是否正确。

b. 打开进出口和回流手阀，关闭去阀架手阀，启动离心泵，打开泵体排气门，直至排气门有水喷出，调节回流阀开度，把泵出口压力调整至额定压力。泵的振动、轴承温度无异常，运转 2h，半小时记录一次泵电流、轴承温度、压力、振动值。

c. 试运行期间如有异常，检查排除后继续按上述试车步骤试车 2h。

2）卧式离心泵（冷却水泵、清水泵、除盐水泵、急冷水泵、锅炉给水泵、洗涤塔循环泵、液碱泵，废水输送泵）通电试运行：

① 试运行前的检查工作：

a. 检查泵各紧固件是否拧紧。

b. 检查泵内是否有异物。

c. 检查泵是否注入足够的润滑油（脂）。

d. 检查手动盘车油泵是否运转自如，有无异响。

e. 泵二次灌浆抹灰完成。

f. 锅炉给水泵及其他有水密封的泵开机前还需检查冷却水是否打开，循环水是否开启。

g. 各泵开机前需确认进口罐体内有足够水。

② 试运行：

a. 检查完成后，现场点动泵，看正反转是否正确。

b. 打开泵进口手阀，关闭泵出口，启动各泵，打开泵体排气门，直至排气门有水喷出，调节回流开度，把泵出口压力调整至额定压力。泵的电流、振动、轴承温度无异常，运转 2h，半小时记录一次泵电流、轴承温度、压力、振动值运行期间如有异常，检查排除后继续按上述试车步骤试车 2h。

3）锅炉加药泵（柱塞泵）通电试运行：

① 试运行前检查工作：

a. 检查泵各紧固件是否拧紧。

b. 检查泵内是否有异物。

c. 检查泵是否注入足够的润滑油（脂）。

d. 泵开机前需确认锅炉加药搅拌罐内有足够清水。

e. 检查并清洗泵前的滤网，看是否有堵塞。

② 试运行：

a. 打开泵进出口手阀，启动泵通过泵出口手阀开度把泵出口压力调整至额定压力，通过调整柱塞长度调整泵流量。泵的振动、轴承温度无异常，运转 2h，半小时记录一次泵电流、轴承温度、压力、振动值。

b. 运行期间如有异常，检查排除后继续按上述试车步骤试车 2h。

4）气动隔膜泵通电试运行：

① 打开泵进出口手阀，用吨桶接一箱清水备用，把进口软管放入吨桶内，打开压缩空气电磁阀，通过调整压缩空气减压阀来调整隔膜泵的流量，运转 2h，检查有无异常。

② 运行期间如有异常，检查排除后继续试车 2h。

（4）各风机通电试运行：

1）主燃风机、助燃风机、窑尾冷却风机、二燃室燃烧风机、闭环风机通电试运行：

① 运行前的检查工作：

a. 检查所有风机各紧固件是否拧紧。

b. 检查风机内是否有杂物。

c. 检查风机是否注入足够的润滑油（脂）。

d. 手动盘车，检查风机是否运转自如，有无异响。

e. 检查风机电源、现场按钮盒、出口管道调节阀门、流量计等仪表是否安装好。

f. 风机基础灌浆抹灰完成。

g. 检查风机进出口风管软是否安装好。

h. 检查风机进出口风管滤网是否堵塞。

i. 检查风机风门是否开关正常。

j. 检查窑内二燃室内部是否有人作业。

② 风机单机试运行：

a. 现场点动风机检查转向是否正确。

b. 风机调试与风机风门电动调节阀一起调试，确保风门开关及开度与实际一致。

c. 关闭出口风门（窑尾冷却风机关闭进口风门），开启风机，通过调整转速和风门把各风机负荷调整至最大（已不超过额定电流为准），运行 2h，检查风机振动、电流、轴承温度、风压、风量是否正常，并做好记录。

d. 试运行期间如有异常，检查排除后再次试车 2h。

2）ID 风机通电试运行：

① 运行前的检查工作：

a. 检查引风机各紧固件是否拧紧。

b. 检查风机内是否有杂物。

c. 检查风机是否注入足够的润滑油（脂）。

d. 检查手动盘车风机是否运转自如，有无异响。

e. 检查风机电源、现场按钮盒、轴承温度、振动仪表是否安装好。

f. 风机基础灌浆抹灰完成。

g. 检查风机进出口风管膨胀节固定螺栓是否拆除。

h. 检查风机进口调节阀门是否灵活，电动执行机构是否安装好。

i. 检查窑、二燃室、锅炉、布袋、湿法等系统内部是否有人作业。

② 引风机单机试运行：

a. 现场点动风机检查转向是否正确。

b. 引风机调试与引风机进口风门执行器一起调试，确保风门开关及开度与实际一致；

c. 打开风机进口风门，打开布袋各室进出口风门，开启风机，通过调整风机频率（大约 20Hz）慢慢把各风机负荷调整至半负荷，观察风机的振动、电流、轴承温度、风压、风量是否正常，如无异常慢慢把风机调整至满负荷（已不超过额定电流为准），运行 2h，检查风机振动、电流、轴承温度、风压、风量是否正常，并做好记录。

d. 试运行期间如有异常，检查排除后再次试车 2h。

（5）各输送设备通电试运行：

1）板喂机通电试运行：

① 板喂机试运行前检查。

a. 检查板喂机各紧固件是否拧紧。

b. 检查板喂机上部和下部是否有杂物。

c. 检查板喂机各传动部位是否注入足够的润滑油（脂）。

d. 手动盘车，检查电机减速机是否运转自如，有无异响。

e. 检查板喂机电源、现场按钮盒是否安装好。

f. 检查板喂机尾部张紧装置是否调整合适。

② 板喂机试运行：

a. 现场点动板喂机检查转向是否正确。

b. 开启板喂机，确保平稳运行 2h，期间每 20min 检查一次振动、电流、轴承温度是否正常，并做好记录。

c. 试运行期间如有异常，检查排除后再次试车 2h。

2）提升机通电试运行：

① 提升机试运行前检查：

a. 检查提升机各紧固件是否拧紧。

b. 检查板提升机内部是否有杂物。

c. 检查各传动部位是否注入足够的润滑油（脂）。

d. 检查板喂机电源、现场按钮盒是否安装好。

e. 检查行走轮轨道是否平整。

f. 检查各限位开关是否已装好，位置是否合适。

g. 检查下部张紧装置是否调整合适，两侧链条张紧度是否一致。

② 提升机试运行：

a. 检查现场点动提升机电机转向是否正确。

b. 检查并测试提升机各限位开关是否均有效，连锁动作是否正常。

c. 现场开启提升机，检查振动、电流、轴承温度是否正常，运行是否平稳无异声，并做好记录。

d. 试运行期间如有异常，检查排除后再次试车。

3）各输送刮板机、铰刀、回转下料器和电动双翻板（锅炉卸灰、布袋卸灰、消石灰活性炭铰刀和圆盘输送机等）通电试运行。

① 输送设备运行前检查：

a. 检查各紧固件是否拧紧。

b. 检查板设备内部和上部是否有杂物。

c. 检查各传动部位是否注入足够的润滑油（脂）。

d. 检查电机电源、现场按钮盒是否安装好。

② 各铰刀回转下料器、电动双翻板试运行：

a. 现场点动检查电机转向是否正确。

b. 手动动作电动翻板阀翻板，看是否有卡剐蹭。

c. 现场开启各输送设备，检查振动、电流、轴承温度是否正常，运行是否平稳无异声，并做好记录。

d. 试运行期间如有异常，检查排除后再次试车。

4）捞渣机通电试运行：

① 捞渣机试运行前的检查：

a. 检查各紧固件是否拧紧。

b. 检查板设备内部是否有杂物。

c. 检查各传动部位是否注入足够的润滑油（脂）。

d. 检查电机电源、现场按钮盒是否安装好。

e. 检查捞渣机链条连接是否紧固，链条张紧是否合适。

f. 检查捞渣机水封是否装好，打开清水检查管道有无泄漏。

g. 检查耐磨铸石板是否牢固。

h. 各保护装置是否安装完成。

② 捞渣机试运行：

a. 检查完成后现场点动捞渣机，检查捞渣机转向与控制按钮是否一致。

b. 开启清水泵，打开轴端水封，开启捞渣机，空转 2h，检查振动、电流、轴承温度是否正常，运行是否平稳无异声，并做好记录。

c. 测试各保护装置动作是否能自动停机。

d. 现场控制盒开启反转是否动作。

e. 检查水位计是否安装完成，自动补水是否可靠。

（6）行车通电试运行：

1）试运行前检查：

① 检查各紧固件是否拧紧。

② 检查各传动部位是否注入足够的润滑油（脂）。

③ 检查行车电气柜和控制面板是否安装好，检查现场各电气接线盒，控制柜是否安装完成。

④ 检查电路接地良好，无短路、开路、接触不良现象。

⑤ 检查钢丝绳、抓斗、滑轮、卷筒行、走轮是否完整。

⑥ 检查行车抓斗控制电缆固定是否牢固，电缆外部有无损伤。

⑦ 检查各制动器制动元件是否调整合适。

⑧ 检查各限位开关、紧急开关是否灵敏、可靠。

⑨ 检查液压站液压部件是否存在跑、冒、滴、漏现象。

⑩ 检查行车监控镜头及料坑周边各监控镜头位置合适，画面清晰。

2）行车试运行：

① 行车设备及电气部分检查完成后即可通电试运行。

② 依次动作大车、小车，检查控制面板操作灵活准确，检查动作是否灵敏，无碰、卡、挂现象，测试大车、小车两侧限位保护是否能起作用。

③ 动作行车抓斗上下行和抓斗打开闭合，检查上下行是否灵活，无碰、卡、挂现象，检查行车钢丝绳和控制电缆上下是否动作一致，检查上限开关是否正常起保护作用，检查抱闸松紧是否合适，有无溜车现象，检查抓斗各爪子打开闭合是否动作一致，检查液压单元是否有漏油渗油现象。

（7）回转窑通电试运行：

1）试运转前的检查：

① 检查各紧固件是否拧紧。

② 检查各焊接处是否按照国家规范焊接，无少焊和漏焊。

③ 检查各传动部位是否注入足够的润滑油（脂）。

④ 检查基础标高是否有变动。

⑤ 检查转动部位是否有东西卡住。

⑥ 检查窑头窑尾密封是否已经安装完成，鱼鳞片密封钢丝绳及配置是否调整好。

⑦ 检查窑平台各护栏、护罩、孔洞盖板均已完成。

⑧ 检查主电机和辅助电机电源、现场按钮盒是否安装好，电机接地已检查无误。

2）回转窑试运转：

① 窑整体试运转前必须进行单机试运转：主、辅电机各空运转2h，主、辅电动机带动主、辅减速机各空运转2h。记录电流和温升，注意是否有异常声响。

② 窑筒体砌衬前试运转：由辅助电动机带动，试运转2h；主电动机带动试运转2h。要求进行下列检查：

a. 检查各润滑点情况，如温升、电流、漏油等。温升不应超过30℃；电动机负荷不应超过额定功率的15％。

b. 检查传动装置有无振动、冲动等异常声响；齿圈与小齿轮接触是否正常。

c. 轮带与托轮的接触是否正常。

d. 窑体两端的密封装置、各冷却风装置是否保持良好状态，不允许有过大的漏风。

e. 各处螺栓是否松动。

③ 窑体砌衬后的试运转在窑衬烘干时（烘煮炉阶段）进行。要求进行下列检查：

a. 检查各润滑点温升不超过35℃。

b. 轴承温升不得超过40℃。

c. 电动机负荷不应超过功率的25％。

d. 检查托轮调整是否正确，轮与轮带表面是否均匀接触等，其他规定和检查项目与砌筑前试运转相同。

（8）液压喂料系统通电试运行：

液压喂料系统通电试运行前检查：

① 液压系统试运行前检查：

a. 油箱注油时注油量为油箱有效容积高度的20％。

b. 根据原理图、装配图及配管图检查并确认每个执行元件由哪个换向阀操纵。

c. 电磁换向阀分别进行空载换向，确认电气动作是否正确、灵活、符合动作要求。

d. 用手转动电动机和液压泵之间的联轴器，确认无干涉并转动灵活。

e. 点动电动机，判定电动机的转向和液压泵转向标志一致，确认后连续点动几次，无异常情况后按下电动机起动按钮，液压泵开始工作，管路循环冲洗。

f. 系统排气：启动液压泵后，将系统压力调到1MPa，分别控制电磁阀换向，使油液分别循环到各支路中，拧动管路上设置的排气阀，将管路中的气体排出；当油液连续溢出时，关闭排气阀。

g. 检查闸板限位安装是否完成，各限位位置是否合适，液压缸液压管道是否紧固。

h. 检查推筒限位安装是否完成，各限位位置是否合适，液压缸液压管道是否紧固，推筒加油器是否能运行，是否能把油打出来。

i. 检查水冷套冷却水是否畅通。

② 液压站及喂料系统通电试运行：

a. 设定各闸板和推筒的油压和油量。

b. 开启液压站，手动动作闸板开关，检查开关限位是否动作，闸板动作是否灵活，液压元件无漏油。

c. 手动动作推筒，检测各限位是否动作，推筒动作是否灵活，液压元件无漏油，测试检修位是否能起作用。

d. 检查整体流程是否动作合理，测试整体流程时间；设定自动加油时间间隔，开启干油泵，检查推筒表面的油膜。

e. 设定油温连锁投入，检测油温与循环油泵连锁是否动作，检测油温保护是否起作用。

（9）烘煮炉：

回转窑、二燃室、急冷除酸塔及锅炉内的耐火材料、保温材料及保温灰浆在施工后会存在大量的水分，通过一定阶段的不同升温条件下的加热、恒温烘烤，逐渐除去耐火层、保温层中的水分，有效保证回转窑、二燃室、急冷除酸塔及锅炉本体在正常运行时，不会由于升温速度过快大量的水分突然蒸发造成耐火材料的强度降低，影响耐火材料的使用寿命，同时后期的高温烘炉使得耐火材料陶瓷化，最大限度提高耐火材料的性能，使其满足回转窑、二燃室、急冷除酸塔及锅炉正常运行要求的物理、机械性能。

新安装的锅炉其受热面管系集箱及汽包的内壁上油锈等污染物，若在运行前不进行处理的话，就会部分附着在管壁上形成硬的附着物，导致受热面的导热系数减少，从而影响锅炉的热效率。

1）烘煮炉阶段工作原则：

① 试车工作组领导成员全面领导各专业组进行机组的烘煮炉工作，各专业组对本专业的相关工作全面负责，重点做好本专业的组织及与其他专业协调配合工作。

② 工艺组是整个烘煮炉过程的核心，其他专业均需接受工艺组的协调指挥，其他专业须配合好工艺组的各项工作。

③ 在烘煮炉过程中发现故障，若不危及设备和人身安全，操作人员应通过本专业组负责人向工艺组汇报，经工艺组同意后，再由烘煮炉小组组长决定后再处理，不得擅自处理或中断烘煮炉工作，若发现危及设备和人身安全的故障，可根据具体情况直接处理，但要考虑到对其他系统设备的影响，并及时通知现场指挥及有关人员。

④ 各专业组负责人在进行烘煮炉工作前须向本专业施工、操作人员做好技术交底工作，以便尽早做好准备工作和配合工作。在烘煮炉过程中若发现异常情况，专业组负责人指导本专业操作人员恢复稳定运行状态，若发生故障应指导操作人员处理，在紧急情况下，专业组负责人可以立即采取措施。

⑤ 烘煮炉期间，设备的停、送电等操作严格按有关规程执行。

⑥ 施工人员在烘煮炉期间负责运行设备的维护和消缺。在处理缺陷时，必须征得专业组负责人的同意。对运行中的设备，施工人员不得进行任何操作，除非发现运行中设备出现事故并危及设备或人身安全时，可就地采取紧急措施，并立即报告本专业负责人。

2）烘煮炉安全注意事项：

① 参加烘煮炉的操作人员，必须认真学习掌握有关安全操作规程规范；要严格按照烘煮炉大纲、措施的要求及设备供应商提供的说明书执行，不能发生违反措施及运行规程要求的行为；严格按规定进行启炉、停炉，严格掌握升温、升压速度，对初次投入电动无

把握的，可改手动调整。

②在烘煮炉过程中，管理人员、技术人员、操作人员、安装人员及化验人员在工作中，要严格按照安全规程的要求进行工作，杜绝发生人身事故，在设备发生异常情况需进行事故处理时，要把人身安全放在第一位。

③系统操作时，锅炉排污、锅炉取样、锅炉蒸汽管道冲洗、锅炉加药、锅炉蒸汽管道各螺栓紧固等工作易发生烫伤等事故，需严格遵守操作规程，穿戴好劳保用品，协调作业时，通信畅通，沟通清楚明了。

④操作人员应严格监视运行设备的运行状况，严格按照设备的正常参数进行调整。

⑤烘煮炉前所有管理人员，技术人员对设备情况进行熟悉。

⑥烘煮炉期间禁止无关人员进入现场，同时禁止非操作人员进行设备操作。

⑦锅炉运行时，不得长期停留在炉门、人孔门、防爆门、水位计和法兰盘等易泄漏处。

⑧现场道路畅通、通信、照明满足需要。

⑨现场所有的安全隐患已排查并消缺。

3）烘煮炉的准备及要求：

①烘煮炉前所必备的条件：

a. 永久、稳定的电力（电压380V；功率≥1485kW）。

b. 永久、稳定的工业用水（大于15m³/h）。

c. 压缩气和仪表气供应。

d. 稳定、合格的软化水供应（大于12m³/h）。

e. 焚烧区域场地硬化、道路畅通。

f. 焚烧线废水排放通道和水池备好。

g. 足量的使压力稳定的点火辅助燃料（轻质柴油65～85t，来源为临时柴油罐）。

h. 合格的锅炉加药剂［氢氧化钠（固体）250kg、磷酸三钠250kg］。

i. 化验室人员及化验设备药剂齐全。

j. 熟练的操作人员每班不少于6人。

k. 应急电源（备用柴油发电机）、消防器材匹配到位（生产区）且调试正常。

l. DCS系统和UPS电源正常，DCS工程师到位。

m. 所有烘煮炉相关设备安装完成，单机和联动调试已完成。

②烘煮炉准备及要求：

a. 检查清理各系统内部确保无杂物，关闭系统所有检查门、检查孔。

b. 开启ID风机和风门以及收尘器进出口阀门，对全系统进行中负荷拉风，检查系统所有点的密封情况，所有的密封工作均必须在点火前完成。

c. 检查厂内主管网供水系统，确保主管网水压（大于0.25MPa）正常。

d. 检查备用发电机油位，并试开一次，确保备用发电机能正常工作，测试停电发电机能否在规定时间内（2min以内）自动开启并切换成功。

e. 检查并开启冷却循环水系统。

f. 检查并开启压缩空气系统。

g. 检查消石灰和活性炭装置。

h. 检查系统所有气动阀门、电动阀门开关正常，检查系统所有的仪表均显示正常。

i. 检查并开启软水制备系统，检测软水合格后，把软水罐液位加至设定值。

j. 检查并开启除氧器给水，把除氧器液位补至正常液位。

k. 检查并把拉渣机水位补正常，确保密封良好，自动补水正常。

l. 检查并补充急冷塔紧急给水罐的液位和压力至正常。

m. 检查并把1号、2号洗涤塔液位补至正常，检查1号洗涤塔紧急给水罐液位正常。

n. 检查确认天然气管道的压力正常，确保有足够的天然气供应。

o. 检查窑各传动系统设备正常，润滑正常，点动窑主传动电机、辅传电机，确保窑主传动机处于随时能开启状态。

p. 检查确认二燃室紧急排放阀中控和现场两种模式下均开关正常。

q. 检查锅炉排污系统和锅炉加药系统，确保系统能随时启动。

r. 检查锅炉加药的药品准备是否按照要求已备好，锅炉加药工作的必要工具和劳保用品确认已备好。

s. 确认锅炉排污扩容器投入正常，锅炉排污水的去路已有完备的方案。

t. 现场及中控的人员已培训，司炉人员必须有符合国家规范的锅炉操作证。

u. 锅炉水检验化验室人员和药品已准备充足，且化验人员已经过专业的培训。

v. 检查窑尾高温镜头和锅炉汽包液位计镜头清晰、可靠。

w. 各设备安全标识牌备好及挂好，管道标识及流向标明。

x. 电气操作人员已进行安全操作培训，且持有电工证。

y. 开机前对 SIS 系统进行全面测试，确保 SIS 系统安全可靠。

4）烘煮炉技术要求及控制曲线：

① 回转窑、二燃室、锅炉、急冷塔烘炉与余热锅炉烘煮炉同步进行，回转窑、二燃室烘炉一般按如图 10.2-1 所示的烘煮炉控制曲线进行，如有异议可以在各保温阶段适当增加保温时间。

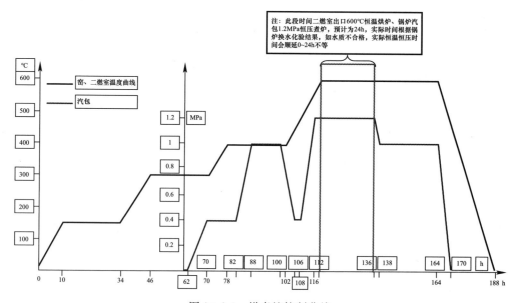

图 10.2-1 烘煮炉控制曲线

② 上述温度是指回转窑及二燃室出口烟气温度（300℃以下以窑尾温度为准，300℃以上以二燃室出口为准），两者的温度尽量保持偏差不超过100℃，升温速率及保温时间须按烘炉曲线的要求进行，并如实进行记录。升温速率及保温时间记录如表10.2-1所示。如在阶段8完成后二燃室出口烟气还有水汽产生，需继续保温，直至烟气中没有水汽逸出为止。在烘炉阶段1、2期间，二燃室出口烟气由紧急排放烟囱排出，从阶段3开始，烟气经余热锅炉后由主烟囱排出。烘煮炉期间，烟气由引风机排到烟囱排放。

升温速率及保温时间记录　　　　　　　　　　　　　　表 10.2-1

阶段	温度（℃）	速率（℃/h）	用时（h）	备注
1	20～150	13.5	10	
2	150	0	24	
3	150～300	12.5	12	
4	300	0	24	
5	300～400	12.5	8	
6	400	0	24	
7	400～600	14.3	14	
8	600	0	48～72	
9	600～20	24	24	
合计			188～212	

5）回转窑、二燃室烘炉：

① 点火操作：

a. 启动冷却循环水系统及压缩空气系统，维持压缩空气储罐出口压力为0.60～0.75MPa。

b. 开启引风机入口风门和引风机，设定引风机主电机频率输出值为5%～10%，开启布袋进出口阀。

c. 打开二燃室紧急排放阀。

d. 开启窑主燃风机，调整风机压力为1kPa，流量为400m³/h。

e. 调整引风机主电机赫兹输出值，使窑头负压在－20Pa。

f. 调节窑头、二燃室阀架各废液喷枪以及氨水喷枪压缩空气压力为0.3MPa，流量调整为20～30m³/h。

g. 打开窑尾的冷却器。

h. 调整天然气压力为0.01MPa，开启助燃风机，启动自动点火。

② 点火后的调整：

a. 点火后根据升温曲线调整天然气的流量。

b. 经常从窑尾看火孔观察火焰形状，要保持火焰活泼有力，如火焰忽明忽暗、闪烁不定应马上调整压缩空气流量、压力，如压缩空气压力过大会出现火焰被吹散，不能形成稳定的火焰，容易灭火。如系统氧含量不够会出现燃烧不完全有大量的黑烟，具体调整需根据实际看火情况调整。

c. 按照升温曲线逐步加大柴油的量，主燃风根据柴油的流量适当调节。

d. 按照升温曲线，如窑头天然气流量不能保证升温速率（一般窑尾350～450℃）需适时开启二燃室喷枪，方法如窑头点火步骤一样。

e. 如急冷塔出口温度大于180℃，开启一支急冷塔喷枪喷清水降温（调整确认喷枪气压为0.4～0.5MPa）。

f. 如湿法碱洗塔入口温度高于75℃，启动一支预冷器喷枪给烟气降温。

g. 待烘窑后期按照煮炉方案煮炉操作。

h. 升温期间转窑制度以升温曲线内规定为准。

6）锅炉烘炉：

对炉墙、进出口膨胀节、人孔进行缓慢烘炉，使水分缓慢逸出，确保热态运行的质量。

① 锅炉烘炉前应具备的条件：

a. 锅炉本体安装，水压试验，保温等工作完毕，验收合格。

b. 锅炉所有辅机及其他系统安装完毕，单机试车合格。

c. 锅炉注汽、给水、排污、疏水、取样、加药等系统安装完毕且能可靠投入。

d. 锅炉烟风道安装保温完毕，烟风道彻底清理干净，验收合格，漏风试验良好。

e. 锅炉各热工仪表、电气仪表及保护、远程操作装置、事故按钮及连锁烘煮炉安装完毕，试验良好。

f. 灯光、信号及报警装置安装齐全。

g. 除盐水制水充足，满足启动用水。

h. 就地水位计清晰，高、低水位报警正确。

i. 各阀门、手柄和主要管线均已挂牌，明确其功能并标出开关位置。

j. 锅炉所有梯子、平台、栏杆等应安装齐全。

k. 试运场地清理干净，脚手架拆除，沟道孔洞应加盖板。

l. 具备可靠照明，通信及消防设施消防通道畅通。

m. 操作人员到位，已进行上岗前模拟操作和全面检查。

n. 锅炉安全阀及压力表均已校验。

② 烘炉前应进行的各项试验：

a. 各动力设备试运行2h，振动在标准范围（良好）。

b. 动力连锁及事故按钮试验正常。

c. 热工信号，报警信号齐全且完好。

d. 汽包水位计校对，水位标志清晰，照明可靠，并备有事故照明，能清楚地看到水位，控制室内也能监视水位。

e. 各风道做漏风测试，合格。

③ 给水、蒸汽系统水冲洗：

a. 目的和范围：

锅炉给水系统投运前要冲洗干净，清除内部泥砂及其他杂物，确保给水品质，防止管道及附件堵塞。低压冲洗，冲洗从除盐水水泵至除氧器入口前法兰，该管道冲洗合格后，恢复除氧器进水管道，冲洗低压段，低压段冲洗合格后，再冲洗至给水泵进口前法兰的全部管道。中压冲洗，从给水泵出口至锅炉汽包以及放水、排污管道。

b. 方法和步骤：

低压管道冲洗：拆除除氧器入口前法兰进行冲洗，再拆除给水泵入口前法兰进行冲洗

（可接临时管），冲洗干净后和给水泵入口接好。中压管道冲洗：启动给水泵向中压段进水，用软化水、以最大流量冲洗。

c. 冲洗注意事项及合格标准：

排水位置能清楚地看见出水情况，与系统相接但不冲洗管道应隔绝，冲洗水所经过的阀门全部打开。冲洗管路投入顺序，可根据现场实际情况调整，冲洗完毕后恢复原样。主要给水管道的冲洗以排出透明与进水相近，无杂物为合格。

④ 锅炉冲洗：

将锅炉里面的水排放冲洗干净，注入处理合格的软水，锅炉给水应符合《工业锅炉水质》GB/T 1576—2018 的规定，给水应上到锅炉的正常水位。

⑤ 锅炉烘炉操作工艺：

a. 锅炉炉膛的加热采用烟气加热，烟气由锅炉入口进入，经过锅炉炉膛进行加热。

b. 烘炉操作程序：

（a）确保锅炉汽包水位正常，水位控制在标准水位±20mm。

（b）待窑尾 300℃，关闭二燃室紧急排放阀，热烟气经风机作用通过锅炉炉膛对锅炉烘炉。

（c）烘炉第一天，应适当开启引风机，维持一定的炉温，保证烟温，确保将炉内浇筑料烘干。

（d）烘炉第二天，应增加引风机开度，进一步提高烟温，烘干浇筑料。

（e）烘炉期间确保升温速率不超过 5℃/h，确保最终锅炉出口温度 200℃以上，且保温 24h 以上。

（f）检查并记录锅炉水位计，确保锅炉运行正常，如有异常发现，应及时汇报，妥善处理。

（g）每 2h 检查并记录烟温，确保烘炉质量。

c. 烘炉注意事项：

（a）烘炉时，升温速率应缓慢均匀，锅炉炉膛升温速率不大于 5℃/h。

（b）烘炉过程中要定期检查锅筒水位，使之经常保持在正常范围。

（c）烘炉过程中要定时记录烟气温度，以控制温升速率不超过规定要求。

7）锅炉煮炉：

去除锅炉受热面管系集箱及汽包的内壁上油锈等污染物，提高锅炉的热效率。

① 锅炉煮炉前应具备下列条件：

a. 回转窑及二燃室燃烧器正常且回转窑已点火开始烘炉。

b. 管路及配套设备已全部安装结束且已烘煮炉合格。

c. 水处理及煮炉的药品已全部准备就绪。

② 锅炉煮炉操作工艺：

a. 烘炉结束后，用排污的方法将锅炉水位降到低水位指示处，以备加药。

b. 锅炉加药通过人工加入锅筒内与锅筒内的炉水混合，药液配制如表 10.2-2 所示。

药液配制

表 10.2-2

药品名称	加药量（kg/m³）
氢氧化钠（NaOH）	3
十二水磷酸三钠（$Na_3PO_4 \cdot 12H_2O$）	3

正常运行储水量约为21m³。计算加药量：

氢氧化钠（NaOH）/（纯度97%）=21×3÷0.97≈65（kg）

十二水磷酸三钠（Na₃PO₄·12H₂O）/（纯度97%）=21×3÷0.97≈65（kg）

c. 加药方法：把软水液位及锅炉汽包液位改为手动控制，控制锅炉汽包低液位（+200mm左右）、除氧器低液位（600mm左右）时，打开除氧器上部备用口，将氢氧化钠（NaOH）、十二水磷酸三钠（Na₃PO₄·12H₂O）各65kg分多次倒入加药桶内加适量软水进行搅拌混合，搅拌至完全溶解即可，再将混合药液由除氧器上部备用口加入除氧器内，加药完成后紧固好备用口的法兰，加药完成在锅炉给水泵内循环20min后，开启锅炉给水调节阀给汽包补水至煮炉液位（+200mm）。后续加药根据化验数据需要补加药剂的，从锅炉磷酸盐加药泵加药。

注意事项：配制溶液时，穿橡胶靴，戴防毒面具和橡胶手套，配制和加药的地方应有冷水水源和救护药品。

d. 煮炉时间一般为4～5d（可根据锅炉排污水的检验结果增加煮炉的时间），煮炉的程序和时间如表10.2-3所示。

煮炉的程序和时间

表10.2-3

阶段	压力（MPa）	速率（MPa/h）	用时（h）	备注
0	0	0	2	阶段2～8，必须确保锅炉的总碱度大于45mmol/L，如磷酸根浓度低于30mg/L、总碱度低于45mmol/L，需补加锅炉药剂；阶段9～10连续缓慢进水和排污，换水到运行标准碱度，如不能换水合格，时间顺延直至合格；阶段11在冲管完成后开始降压，如未完成，阶段10时间需顺延，且烘窑曲线阶段8也需顺延
1	0～0.4	0.03	8	
2	0.4	0	12	
3	0.4～1.0	0.1	6	
4	1	0	12	
5	1.0～0.4	0.15	6	
6	0.4	0	2	
7	0.4～1.2	0.2	6	
8	1.2	0	24	
9	1.2～1.0	0.1	2	
10	1.0	0	24	
11	1.0～0	0.2	4	
合计			108	

煮炉共分3期：

第1期：

（a）再次检查锅炉所有仪表阀门完好，排汽阀门关闭、安全阀处于工作状态、排空口关闭。适当调整引风机风量。

（b）用高温烟气在炉膛内加热膜式壁升压，当压力升到0.1MPa，并冲洗就地玻璃管水位计。

（c）再次缓慢升压到0.4MPa，对所有管道、阀门做全面检查，并拧紧螺栓，在0.4MPa压力下煮炉12h。

（d）进行断续式排污，排污量为10%～15%，排污时应缓慢且每组排污时间不得超过10s，同时要严密监视水位，力求稳定，并做好水位记录。排污后10min取炉水样一次，送分析记录。

（e）在第 1 期煮炉过程中，要求水位控制在高水位下运行，运行人员对烟温、温度、水位每 1h 抄表一次。

第 2 期：

（a）再次缓慢升压至 1.0MPa，然后对各仪表管路进行冲洗。在 1.0MPa 压力下煮炉 12h。

（b）在第 2 期煮炉过程中，应维持在高水位，并每隔 2h 检查水位计一次，并做好记录。

（c）在第 2 期煮炉过程中，应每隔 2h 取炉水化验一次，炉水碱度不得低于 45mol/L，否则应补充加药，补充加药量根据实际情况及经验确认，加药使用加药装置加药。

（d）打开蒸汽排放阀门，将压力缓慢降到 0.3～0.4MPa，并保持该压力下进行断续式排污，排污量为 10%～15%，排污时应缓慢且每组排污时间不得超过 10s，同时要严密监视水位，力求稳定，并做好水位记录。排污后取炉水样一次，送分析记录。

第 3 期：

（a）缓慢升压至 1.2MPa，稳定烟气温度及压力，维持在高水位，在此压力下煮炉保压运行 12h。

（b）煮炉保压运行 24h 后，将压力缓慢降到 1.0MPa，并保压，此时打开给水，并控制其进水量，然后采用连续进水及放水的方式进行换水。换水过程中进水及放水应严格控制缓慢地进行，同时派专人监视锅筒水位。

（c）换水前 12h 内，每隔 2h 取样一次；换水后期每隔 1h 取样一次，送分析记录。当炉水总碱度≤9mmol/L 时，投入使用连续排污设备进行排污，并可停止换水，结束煮炉。

8）锅炉严密性试验、冲管：

① 锅炉严密性试验：

锅炉烘炉、煮炉、锅炉水质合格后，按下列步骤进行锅炉蒸汽严密性试验：

a. 加热升压至 0.3～0.4MPa，对锅炉范围内的法兰、人孔、手孔和其他连接部分的螺栓进行一次热状态下的紧固。

b. 继续升压至 1.0MPa，进行下列检查：

（a）检查各人孔、手孔、阀门、法兰等处的密封性情况。

（b）检查锅筒、集箱、管路和支架等膨胀情况。

② 冲管：

a. 冲管的目的：

冲管是利用具有一定压力的蒸汽吹扫蒸汽管道，将管内的铁锈、灰尘油污等杂物除掉，并将这部分蒸汽排向大气，避免这些杂物对蒸汽设备的安全运行造成危害。

b. 冲管出口：

蒸汽管路分气缸外排口、现场各个用气点出口。

c. 冲管前应将主蒸汽管上除了蒸汽出口阀门外的阀门打开，并将各蒸汽出口打开，并确保各蒸汽出口做好安全措施。

d. 当压力达到 0.6～0.8MPa 时，试冲管三次，每次冲管 5min，间隔 15min。

e. 压力继续升到 1.0MPa 时，采用降压式冲管，连续冲管 6～8 次，每次冲管时间

5min，间隔 30min。保证间隔时间，以便冷却主蒸汽管，使铁锈松脆。

f. 压力继续升到 1.2MPa 时，采用降压式冲管，连续冲管 6～8 次，每次冲管时间 5min，间隔 30min。保证间隔时间，以便冷却主蒸汽管，使铁锈松脆。

g. 冲管过程中，应控制锅筒水位，尤其在冲管开始前，将锅筒水位调整到比正常水位稍低，防止冲管时水位升高而造成蒸汽带水。

③ 事故处理：

运行时，如有下列情况之一者，必须紧急停炉。按照现场运行规程紧急停炉程序进行操作。

a. 锅炉严重缺水（汽包就地水位计内水位消失）。

b. 锅炉严重满水（超过就地水位计可见水位）。

c. 炉管爆破，不能保证锅炉正常水位。

d. 所有水位计（表）损坏，不能使用。

e. 锅炉主要辅助设备出现严重故障，不能保证锅炉正常运行。

9）烘煮炉期间的废水排放措施和要求：

① 烘煮炉期间废水主要来源为：

a. 软水装置碳滤、砂滤罐反洗产生的废水，以及树脂罐再生产生的废水和制软水产生的废水。

b. 锅炉排污产生的高温炉水。

c. 蒸汽管路冲洗产生的蒸汽冷凝水。

d. 空压机系统罐体过滤器排水。

② 处理措施：

a. 软水装置的废水用消防水带引入锅炉排污地池，再用气动隔膜泵打进业主应急水池。

b. 煮炉期间锅炉排污废水气动隔膜泵接高温消防水带打进业主应急水池。

c. 冲管蒸汽和冷凝水大部分是以气态直接排放，少量的冷凝液直接排地。

d. 空压机系统排水极少，排水汇总管至地沟直排。

10）烘煮炉完成后的工作：

① 烘煮炉完成后，系统开始降温，待二燃室出口温度降至 100～120℃时，打开锅炉蒸汽外排阀，缓慢开始集箱排污，把炉水排尽，用烟气余热把锅炉内壁蒸干，要求排水速度不得过快（控制在 1～2h），每个集箱均需要排干净（包括加药、取样、紧急排和连排管均需要排干净），待完全无水汽排出后关闭所有的排污阀门和蒸汽阀门。

② 待系统降温至室温以后打开锅炉汽包人孔门，确认安全的前提下进入汽包，软布擦干净汽包内壁，汽包内壁和上升下降管内壁呈金属光泽无铁锈附着；检查完成后用小桶装干燥的石灰粉或活性炭粉（约 100kg），关闭好汽包人孔；后续根据天气情况经常检查石灰或活性炭的吸潮情况，必要时更换新的吸潮剂。

③ 打开二燃室下部人孔，进窑内检查窑和二燃室的耐材完整性。

④ 打开锅炉上部和下部人孔检查锅炉的耐材完整性。

⑤ 打开急冷塔进口烟道和急冷塔上部人孔门检查急冷塔烟道和顶部的耐材完整性。

⑥ 检查蒸汽管路，把蒸汽管路的所有的蒸汽冷凝水排尽。

10.2.2 联合调试

联动试车按焚烧系统的功能分系统进行,主要有:固体废物进料系统、柴油系统、窑和二燃室阀架及喷枪系统、焚烧系统、锅炉及辅助系统、急冷塔系统、布袋除尘系统、湿法系统,以及公共系统(压缩空气系统、循环水和清水系统)和最后的SIS系统。

10.2.2.1 公用系统

(1)开机流程:

循环冷却水开启→空压机开启→冷干机开启→干燥机开启→清水罐自动补水→清水泵开启

(2)连锁测试:

1)空压机根据设定压力自动开启或泄压(厂家调试)。

2)清水液位与进水开关阀自动连锁控制。

3)清水罐液位低报,清水泵自动跳停。

10.2.2.2 固体废物进料系统

(1)该进料系统分板喂机进料和提升机进料,两种进料方式不能同时进行。

板喂机进料流程:启动液压站→启动板喂机→启动喂料斗(带计量)→把推料器退到位→打开上阀板下料→关闭上阀板→打开下闸板下料→关闭下闸板→推筒推至中间限位→推筒退至下限位→推筒推至工作位。

提升机进料流程:提升机提升桶装物料至料斗→喂料上闸板打开→喂料上闸板关闭→打开下闸板下料→关下闸板→推筒推至中间限位→推筒退至下限位→推筒推至工作位→桶装废物入回转窑内→提升机下降至底部。

(2)连锁保护测试:

1)按下现场所有设备急停开关按钮,检查设备是否停车。

2)提升机运行时模拟上下极限位,检查提升机翻斗是否连锁停车。

3)喂料推筒推至工作限位(收到限位),下闸板应不能启动。

4)核对推筒冷却水温度报警是否已设定,且设定是否合适。

5)检查核对称重报警设定,确认高报、低报是否已设定,且设定是否合适,模拟称重料斗的重量高报,检查称重达到设定值时,板喂机是否连锁跳停。

6)DCS打开蒸汽灭火系统,检查蒸汽开关阀是否打开。

7)DCS模拟液压油站温度超60℃时,检测液压油泵是否跳停(两台泵均测试一遍)。

8)DCS模拟液压油站温度低于30℃时,检查循环泵是否自动关闭,模拟液压油站温度高于50℃时,检查循环泵是否自动开启。

9)核对液压油站油位报警是否已设定,且设定是否合适。

10)检查液压油泵、循环油泵、板喂机、刮板机电流报警和电流保护以及电流保护跳停延时时间设定是否合适。

10.2.2.3 窑和二燃室阀架及喷枪系统联动试车

(1)该联动与泵区各泵及压缩空气系统联合进行。

(2)开启空压机,系统各喷枪用气点压力正常。

(3)柴油系统联动试车。

（4）压缩空气和柴油输送至阀架，检测压力显示是否正常，核对压力报警。

（5）调整好柴油喷枪压缩空气压力流量、柴油压力和调节阀开度。

（6）点火是否能顺利完成点火，点火失败柴油切断阀是否自动关闭。

10.2.2.4 焚烧系统联动试车

（1）该系统包括窑、燃烧（冷却）风机、捞渣机。

（2）窑的联动试车：

1）检查窑头自动卸灰装置是否正常开启、关闭是否符合锁风要求。

2）检查托轮、挡轮轴瓦温度报警设定是否已设定，设定是否合理。

3）开启窑主电机、检查主减速机轴承温度和电机绕组温度报警设定是否合理，模拟温度高报，观察电机是否连锁跳停，另检测主电机故障连锁跳停后辅传电机会不会主动启动。

4）检查各电机电流报警保护设定是否合理。

（3）燃烧（冷却）风机（与引风机一起）联动：

1）运行过程：

开启风机，设定各风机的风量和风压（除窑尾冷却风机），启动各风机，风机转速和风门调节阀自动调整至风量风压至设定值；设定风机加热器的温度，加热器蒸汽调节阀根据设定温度自动动作。

2）保护测试：

① 加大各燃烧风机风门，使二燃室负压大于500Pa，观察二燃室紧急排放阀是否自动开启。

② 检查各风机的温度和振动值、报警值是否设定，设定是否合理，模拟高报，检测风机是否自动保护跳停。

（4）捞渣机联动：

1）捞渣机保护：启动捞渣机，短接断链保护信号，检查捞渣机是否连锁跳停；短接机械负荷保护开关，检查捞渣机是否连锁跳停；检查电机电流报警和电流保护值设定是否合理。

2）模拟电流高报，检查捞渣机是否自动跳停。

3）捞渣机补水：因捞渣机之前已放空水，捞渣机水位应低报，打开捞渣机自动补水，补水至低报消失，清水补水阀自动关闭，待水位低报消失；再测试放水至低报检查补水程序是否正常。

10.2.2.5 锅炉及辅助系统联动

（1）除氧器联动：

1）启动运行：

设定软化水罐的液位，开启软化水装置，软水进水阀自动开启，待水位达到设定值后进水阀关闭，软水制水系统自动停车；设定除氧器液位，设定除氧器压力，设定除氧器压力保护值，开启软化水泵，软化水调节阀自动给除氧器补水，待除氧器液位达到设定液位，给水调节阀自动关闭；设定除氧器压力，蒸汽调节阀自动开启。

2）连锁保护测试：

① 模拟除氧器液位高报，检查外排阀是否自动开启。

② 软水箱液位模拟低报（或放水至低位），检测软水泵是否保护跳停。

（2）锅炉本体联动：

1）启动运行：

设定锅炉液位，开启给水泵（先打开泵的循环冷却水），给水调节阀根据锅炉汽包水位自动调节，待汽包达到设定水位调节阀自动关闭；按顺序开启锅炉卸灰系统；给锅炉加药搅拌罐加水，开启锅炉加药柱塞泵调节柱塞泵的压力，开启锅炉连锁排污，开启锅炉紧急排污。

2）连锁保护测试：

① 模拟锅炉压力，观察锅炉主蒸汽调节阀自动调节动作。

② 锅炉水位补充或模拟高报，观察紧急排水阀自动打开。

③ 模拟锅炉压力高报，观察主蒸汽外排阀自动打开。

3）尿素喷枪系统：

开机：开启搅拌电机尿素泵，尿素溶液的流量根据烟气 NO_X 浓度调节连锁保护测试；模拟锅炉出口 NO_X 的浓度，尿素流量会根据设定值自动动作。

10.2.2.6 急冷塔系统联动

（1）启动运行：

1）开启各喷枪的压缩空气开关阀，开启急冷塔阀架清水阀，开启清水调节阀，设定急冷塔温度，清水调节阀根据急冷塔温度自动调节。

2）开启紧急给水罐给紧急给水罐补水高报位，给紧急给水罐补气至 0.6MPa，紧急给水根据急冷塔出口温度（高于 260℃）自动打开。

3）开启罗茨风机，开启活性炭打圆盘给料机，提升捞链。

4）开始消石灰输送罗茨风机，开启消石灰输送机，输送。

（2）连锁保护测试

1）模拟 SDA 出口温度，阀架清水调节阀应自动调节。

2）模拟 SDA 出口温度超过 260℃时，紧急给水阀应自动打开。

3）模拟罗茨风机跳停，活性炭输送跳停。

4）模拟消石灰输送风机跳停，观察上游所有设备是否均跳停。

10.2.2.7 布袋除尘系统联动

（1）系统开机：

1）正常运行模式：

打开布袋各室进出口蝶阀→设定灰斗温度→开启灰斗加热器→开启汇总埋刮板→开启两个输送刮板输送机→开启卸灰回转下料器→开启自动定时振打→设定布袋压差→开启脉冲自动。

2）另外回转卸灰阀还可以选择料位连锁模式：料位报警对应的回转下料器启动，报警消失，回转下料器关闭。

（2）保护连锁测试：

1）模拟灰斗温度，观察加热器自动开停情况是否正常。

2）模拟灰斗料位报警，其对应的回转下料器应自动打开。

3）现场急停汇总埋刮板至上游的两台埋刮板和 8 台回转下料器应连锁跳停。

4）现场急停埋刮板至相应的 4 台回转下料器应连锁跳停。

5）检查各电机的电流报警和电流保护是否合适。

10.2.2.8 湿法联动

（1）启动运行：

联动调试可以用清水代替碱液进行。各储罐均已蓄水至正常液位，可根据实际需水情况进行补水。然后打开卸碱泵、碱液输送泵，洗涤塔循环泵，清水泵、高浓盐水输送泵，模拟参数测试下列连锁是否动作，报警设置是否合理。

（2）保护连锁测试：

1）液碱系统：

① 液碱罐液位高报连锁停止卸碱泵。

② 液碱罐液位低报碱液输送泵跳停。

2）预冷器系统：

① 预冷塔出口温度高（78℃）报紧急给水阀打开。

② 预冷塔出口温度高（80℃）报紧急给水罐的给水阀打开。

3）洗涤塔系统：

① 洗涤塔液位与清水补水阀自动连锁控制。

② 洗涤塔循环泵出口碱液电导率与循环碱液外阀自动连锁控制。

③ 洗涤塔填料压差与反冲洗水气动阀连锁控制。

④ 洗涤塔液位高报自动打开循环泵的外排阀。

⑤ 预洗涤循环泵的循环液的 pH 与液碱调节阀自动连锁控制。

10.2.2.9 功能测试

（1）对各参数的报警值、连锁值、单位进行检查并设定。

（2）对各系统的连锁保护、顺控进行测试，有条件的就开启设备实际测试，没条件的从 DCS 画面上模拟动作条件进行模拟测试。

（3）对设备或系统的设计能力进行测试，如操作方便、操作时效、设备输送能力，输送压力，正转反转，最大或最小工作范围等。

（4）对系统各喷枪进行雾化测试（柴油喷枪、废液喷枪、尿素喷枪、SDA 喷枪、湿法预冷喷枪），主要是检查雾化效果，最佳雾化水压气压范围及最佳雾化范围时的雾化直径或长度、异常时的雾化情况等。